W0237312

Par Gaultier Bès,
Directeur-adjoint
de la rédaction

Le temps qu'il fait, le temps qu'il faut

L*e Temps qu'il fait* est un précieux almanach où le poète et romancier Henri Pourrat a recueilli des dictons, des chansons, des proverbes et des observations sur la campagne et le jardin (1944). Jadis, y écrit le chantre de l'Auvergne paysanne, *« on n'ouvrait pas le journal, on regardait le temps. »* Aujourd'hui, on consulte la météo sur nos smartphones, tandis que le béton a inondé la terre. La pluie bienfaisante, « *sœur eau, si utile, humble, précieuse et chaste* », est mauvais temps, la chaleur bonne nouvelle. Les bulletins météos se succèdent, éclipsant les menaces climatiques : des étés toujours plus arides, des gelées tardives, fatales après des chaleurs précoces. Combien de canicules dévastatrices faudra-t-il pour que le « chaud » cesse d'être « beau » ?

« Tu peux regarder les journaux, mais il y aurait intérêt à regarder la couleur du temps, aussi... » Celle du nôtre, de fait, n'est pas très ragoûtante. Le climat a quelque chose d'étouffant : on suffoque sur les ondes autant que sous le soleil. Où que l'on regarde, l'horizon semble noir. Les crises s'empilent. Les malheurs s'entassent. Et les pitres pullulent. Entre les vrais drames et les combats de coq, entre la souffrance et la com', nos conditions mêmes d'existence sont reléguées. La toile de fond de nos vies disparaît derrière les *breaking news*. Le Covid nous aura sur-mobilisés deux ans ; le climat, dont dépend pourtant notre survie, à peine quelques minutes.

Ainsi est-on pris d'un vertige quand on songe que tout ce qui nous paraît déjà si grave – l'exploitation, la précarité, la misère, l'injustice, la violence, l'exil, l'artificialisation, le contrôle de nos vies... – sera non pas balayé, mais amplifié par le désastre écologique. Les phénomènes migratoires créent des tensions ? Imaginez ce que ce sera quand des millions de personnes devront fuir leurs pays devenus, en eux-mêmes et très concrètement, inhabitables. Les agriculteurs galèrent à vivre de leur travail ? Il n'y a pas lieu d'espérer que la chute drastique de la biodiversité leur facilite la vie. Un virus confine l'humanité ? Il est à craindre que, mondialisation et déforestation aidant, ce ne soit que le début.

La conversion prendra le temps qu'il faut (mais ça urge !), et l'essentiel, peut-être, ne nous appartient pas. Nous reste à faire, *hic et nunc*, tout le bien possible. En cueillant chaque joie comme une grâce. En continuant, vaille que vaille, à « *s'occuper de la terre* »

Le ministre des Affaires étrangères, Jean-Yves Le Drian, l'avait d'ailleurs dit sans ambages dans un entretien au *Monde* en avril 2020 : « *Ma crainte, c'est que le monde d'après ressemble furieusement au monde d'avant, mais en pire.* » Alors quoi ?

La conversion prendra le temps qu'il faut (mais ça urge !), et l'essentiel, peut-être, ne nous appartient pas. Nous reste à faire, *hic et nunc*, tout le bien possible. En cueillant chaque joie comme une grâce. En continuant, vaille que vaille, à « *s'occuper de la terre* » : « *Du fond des catastrophes, il faut bien repartir de cela. Dans l'écroulement retentissant des civilisations, on retrouvera les grandes choses silencieuses : la terre qui tourne sans bruit, le trèfle, le seigle, le chêne, menant humblement, puissamment, leur vie réglée selon le juste temps des saisons.* » (H. Pourrat)

Sommaire

Limite numéro 23 – juillet 2021

MAGAZINE

POLITIQUE
Voyons voir

John Towner-Unsplash / Vincnet Jarousseau

CONSEIL DE RÉDACTION : Association Ascagne – **DIRECTEUR DE PUBLICATION ET RÉDACTION :** Paul Piccarreta – **DIRECTEUR ADJOINT :** Gaultier Bès – **ÉDITEUR :** Pierre Chausse – **DIRECTEUR ARTISTIQUE :** Nicolas Pinet – **RÉDACTEURS EN CHEF :** Théo Moy, Antonin Gouze, Brieuc Havy – **MEMBRES DE LA RÉDACTION :** Marianne Durano, Amélie Pillet, Marie de Geloes, Eugénie Le Quéré, Camille Rougier, Marguerite Achambault, Grégoire Hinterlang – **CHRONIQUEURS :** Blandine et Arthur de Lassus, Blanche Streb, Lizenn Valo, Robin Verner, Philippe Franceschetti, Amaury Guillem, L'arche de Lanza del Vasto – **ONT COLLABORÉ À CE NUMÉRO :** Luc Arrondel, Clément Bénech, François Euvé, François Gemenne, Vincent Jarousseau, Judith Lachnitt , Renée Lassure, Vonintsoa Rafaly, Hervé Le Treut –

DOSSIER
À qui profite la clim ?

SPORT
Chasser les marchands du stade

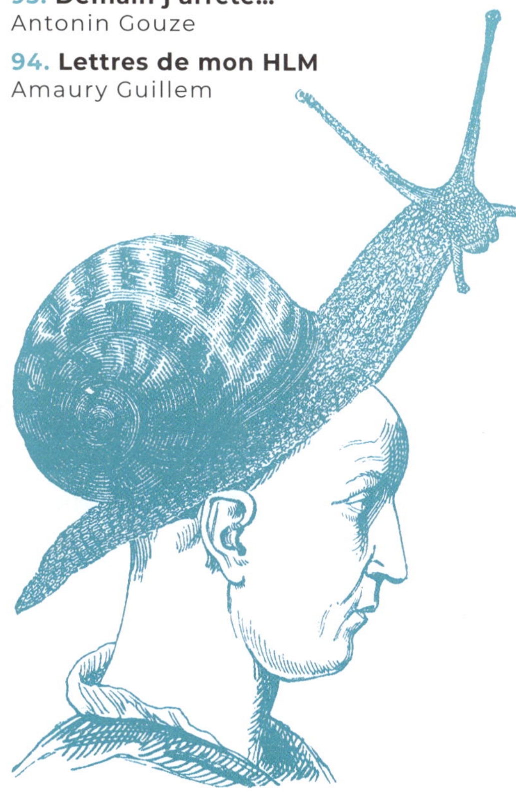

POUR FINIR...

Alexandre Forget / Henrique Macedo – Unsplash / Nicolas Pinet

ILLUSTRATEURS : Bendo, Emma Bertin, Marie-Anne Bezon, Victor Carpentier, Alexandre Forget, Charlotte Guitard, Camille Patureau – **SECRÉTARIAT :** Bénédicte Laroussinie – Imprimé par les imprimeries de Champagne – Rue de l'Étoile de Langres ZI Les Franchises – 52200 LANGRES ISBN : 978-2-36526-254-5 – Num CPPAP : 0224 D 93312

NOUS ÉCRIRE
REVUE LIMITE – 67-69, rue de Ménilmontant
75020 Paris

redaction@revuelimite.fr
administration@premierepartie.com

revuelimite.fr

Couverture d'Alexandre Forget

Tout le monde déteste...

LES TUBES DE L'ÉTÉ

PAGES ORCHESTRÉES PAR MARIE DE GELOES

Macarenna de Los Del Rio (1996)

On ne peut pas les éviter

PAR DAVID MALARTRE, MÉLOMANE

Les oreilles trop bienveillantes se font toujours avoir. 4 accords efficaces, un rythme peu créatif vaguement d'inspiration tantôt disco, Latino reggaeton ou Afro, parsemé de claps bien sentis et une mélodie familière (en bonus, la mélodie exacte d'un tube d'il y a vingt ou trente ans). La satisfaction est instantanée dès la première écoute, mais elle ne dure que quelques semaines. « Si t'aimes pas t'as qu'à pas écouter, t'es vraiment un snob de la musique ! » Le problème c'est qu'on ne peut pas les éviter. Elles sont partout !

La musique c'est comme la lecture ou le café. Au début il faut se forcer. Il y a beaucoup de chansons que j'ai mis du temps à apprécier. On m'a dit que c'était bien, alors je fais confiance. Puis je réessaye, et j'entends différemment, mes oreilles et mon esprit s'habituent à d'autres motifs, je comprends de nouvelles choses. Ces musiques-là, on ne s'en lasse jamais. Pourquoi ne pas profiter de l'été pour éduquer ses oreilles ? On trouve tellement facilement des playlists bien faites. Combien de fois ai-je entendu parler de ce groupe de rock sans en écouter plus de deux chansons ? « La techno, c'est pour les barbares ! » et si j'essayais d'écouter deux ou trois morceaux en coupant le melon ? « La musique calme, c'est chiant ». Et si j'écoutais un album folk en entier, dans un transat' avec mon pastis ?

Bref, la musique ne se vit pas que dans l'excitation instantanée des sens mais aussi dans la patience, la progression des harmonies, la progression des rythmes. Il faut prendre le temps.

Tout le monde déteste...

Despacito de Luis Fonsi et Daddy Yankee (2017)

Je ne sais absolument pas ce que c'est que ce « Despacito »

PAR VINZ LE MARIACHI, ARTISTE POP

Écouter les tubes de l'été pourrait vous être salutaire dans certaines circonstances : j'en ai fait l'amère expérience lors de ma brève carrière de jury pour une émission musicale sur M6.

Lors de l'enregistrement, je me montre d'abord très enthousiaste et bienveillant, la caméra en profite en cadrant de très près mes mimiques et grimaces d'approbation. Je fais parfaitement illusion en mâchouillant les paroles des morceaux qu'interprètent les candidats. À la base, j'écoute plutôt du jazz et du Grégory Turpin, je ne connais aucune chanson de Garou qui est sur le siège à côté de moi... Pour encourager et donner le change, je me lève, je gesticule, tout se passe bien jusqu'à ce qu'un des candidats décide d'interpréter le tube latino « Despacito ». On me dit dans l'oreillette « le mariachi, ça va être à toi, fais-nous ton show ! » Et je me retrouve à faire un yaourt improbable dans ma propre langue, à grands coups de clin d'œil complice, alors que je ne sais absolument pas ce que c'est que ce « Despacito » (tube écouté des centaines de millions de fois sur Youtube).

Comme ce jour où FX Bellamy (l'autre député philosophe), avec qui j'aime parler de musiques actuelles et d'Edmond Rostand, me dit devant mon dernier clip : «Ibrahimovic ! ». Il me le braille goguenard, et pareillement aux tubes je ne vois pas de quoi il parle. Panique ! Bellamy est un littéraire, je ressasse dans ma tête mes souvenirs : Isaac Asimov Ibrahimovic ? Ou plutôt un philosophe Juif. Le mari d'Hannah Arendt ? Me voyant perdu, Bellamy me lance « Zlatan Zlatan ». Trou noir devant Zlatanzlatan. Pour finir, cet ami des Veilleurs me trouvait une vague ressemblance avec un footballeur (qui mesure après vérification près de deux mètres). Heureusement, ce n'était pas filmé. Lors de l'émission de M6, j'ai dû développer des techniques de survie en milieu hostile, mais par pitié ne faites pas comme moi : dans le monde où nous sommes, écoutez les tubes de l'été, gavez-vous d'Aya Nakamura ! Cela pourrait bien vous sauver la vie.

C'est sympa... jusqu'à mi-juillet

PAR FLORENT P., CHAUFFEUR-ROUTIER

Je roule depuis un an en Corse, dans le transport de carburant. J'écoute principalement les émissions du matin. La radio permet de s'informer et rire, même si on est tout seul. Sans style de musique favori ou d'artiste de prédilection, je passe souvent d'une onde à l'autre, en évitant les morceaux que je n'aime pas. La plupart du temps c'est pour éviter le R'n'B ou le rap.

Les tubes de l'été, c'est sympa jusqu'à mi-juillet. Après ça devient lourd. Entre quatre et huit heures de matin, on peut entendre six ou sept fois la même musique... Même si on ne l'aime pas, on finit par la connaître par cœur et la chanter en conduisant.

Il y a une certaine variété, tout le monde peut y trouver son compte à mon avis, si on aime le rap et le R'n'B... Et c'est sympa de les réentendre en octobre, ça rappelle les bons souvenirs de l'été. Finalement, les grands succès, ça prend toute la place en été, et ça colonise même l'hiver !

Tout terrain

Par Robin Verner,
journaliste

Quand le Japon renverse la table en retournant la mêlée

Le rugby est un petit monde mis en coupe réglée par une poignée de nations. Pourtant, depuis 2015, les sans-grades japonais créent l'exploit. Et si l'Ovalie changeait de base ?

LES CERISIERS DANS LA MÊLÉE – BRAVE BLOSSOMS (2019), documentaire de Charlotte de Champfleury, LadybirdsFilms

Le rugby vient de la haute. Né dans les écoles aristocratiques britanniques, c'est entre les épais vignobles et les cités balnéaires du sud-ouest qu'il s'implante quand il passe en France. Il a beau s'entourer d'une réputation flatteuse où les bourre-pifs se terminent en haie d'honneur, la chanson bien connue vend la mèche et laisse un arrière-goût de mépris de classe : « Le rugby est un sport de voyous pratiqué par des gentlemen ».

200 ans plus tard, cet élitisme se traduit par un certain goût pour le petit comité. Les sélections compétitives se comptent sur les doigts des deux mains : les six nations européennes, les trois nations-reines de l'hémisphère sud auxquelles on a ajouté l'Argentine. Le rugby a du mal à faire de la place dans le cercle, et ne tolère les exploits que dans une étroite mesure au fond : la prouesse n'est admise qu'entre les membres du club ci-dessus. Sauf que. Sauf que le Japon a beaucoup rebattu les cartes ces dernières années, provoquant une révolte des sans-grades au milieu du Rotary.

Car les *Cherry Blossoms* ou *Brave Blossoms* – les « fleurs de cerisier » ou « les fleurs courageuses » – qu'on conviait certes à toutes les Coupes du monde mais seulement pour les taper – se rebiffent désormais. En 2015, lors de l'édition britannique, ils triomphent même de l'Afrique du Sud 34-32 en poule. Encore menés 32 à 29 dans les arrêts de jeu, ils obtiennent une pénalité. Mais plutôt que de la jouer au pied pour chercher les trois points – et un match nul retentissant – ils choisissent la mêlée. Et crucifient les Springboks d'un essai en bout de ligne. C'est le « miracle de Brighton ». Ils gagnent encore deux matchs, perdant seulement contre les Écossais. Faute de points bonus, ils sont pourtant éliminés. Le Rotary-Club a de la ressource.

Les Japonais se remettent sans tarder de ce plaquage-cathédrale. Quatre ans plus tard, ils accueillent le gotha mondial chez eux. Ils disposent d'entrée de la Russie (30-10), plus tard des Samoas (38-19), et, surtout, dans l'intervalle, battent l'Irlande pour la première fois de leur histoire (19-12). La quatrième rencontre les oppose à l'Ecosse. Le Chardon peut encore leur piquer la qualification à l'issue de ce huitième de finale officieux. Il n'en est rien : le Japon devient la première équipe asiatique à atteindre les quarts. Au-delà de cette limite, son ticket n'est plus valable. L'Afrique du Sud prend sa revanche avec une valise bien inutile puisque les Japonais jouent à domicile (26-3).

Mais les mots du capitaine d'origine néo-zélandaise Michael Leitch sont ceux d'un homme conscient d'avoir allumé le feu d'une insurrection de l'avenir : *« Je suis sûr que les pays asiatiques et les nations du Tier 2 (deuxième division mondiale) seront fiers de nous. »* Au classement World Rugby, les Japonais sont à présent 10e. Ils ont déjà obligé le petit club à repousser les murs.

Mange ta soupe

Ce qui terrorise les terroristes

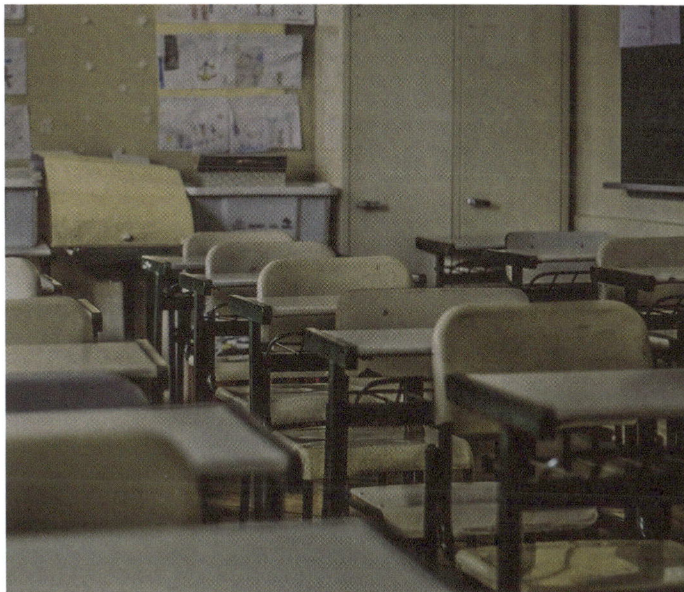

Une photo est venue à nous : le concierge d'une école à Kaboul pose sur des bureaux d'écolières des bouquets de fleurs. Un attentat vient de décimer entièrement cette classe et tuer des dizaines d'autres filles venant à l'école. C'était le 8 mai dernier. Dans ce quartier, un centre de cours particuliers avait déjà été l'objet d'une attaque terroriste, tout comme l'université de Kaboul sous le feu d'assaillants en novembre 2020. Au Cameroun, il y a huit mois, des forces armées séparatistes du Sud-Ouest anglophone, prônant le boycott de l'institution scolaire, ont massacré des enfants alors qu'ils étaient assis, en train d'apprendre, dans leur salle de classe.

Malheureusement, recenser les attaques contre l'école et ceux qui y contribuent serait œuvre de longue haleine. Chaque mois apporte son lot de violence contre l'école. À travers le monde et pas seulement dans des pays en proie à la guerre civile. Qui n'a pas en tête l'assassinat de Samuel Paty le 16 octobre 2020, visé car il enseignait ? Qu'il soit religieux, politique ou mafieux, le fondamentalisme tue à l'école. Car elle représente une liberté à conquérir, une force d'avenir donnée à ceux qui viennent, elle est violentée par ceux qui refusent d'envisager la société autrement qu'à l'image d'eux-mêmes. L'éducation est ce qui terrorise les terroristes.

*

Outre ces graves menaces, c'est du pouvoir politique que vient un désir de contrôle sur ceux qui ont la charge d'enseigner : liberté d'expression restreinte, chasse aux opinions déviantes (« islamogauchistes » ou autres), mise à l'index de l'école à la maison, volonté de gérer l'éducation nationale comme une entreprise technocratique... Certains d'entre vous y verront la confirmation de leur choix d'éducation alternative, d'autres la preuve que l'institution par son potentiel d'émancipation peut faire peur aux tenants d'un système en place. Mais force est de constater l'avenir cadenassé qu'on veut préparer à nos enfants, faute de croire à un espace laïc de débat.

*

Parmi ces décombres, ces peurs, ces dangers, il y a aussi des espoirs. Ayant grandi dans un pays en guerre, Nicholas Opiyo fait partie des personnalités respectées de l'Ouganda, à la tête d'une ONG de défense des droits de l'homme. Il a vu son père arrêté, sa sœur kidnappée dans les combats, mais fort de l'exemple de son père, *« un professeur qui mettait l'éducation de ses élèves au-dessus de tout »*, il a suivi des études, est devenu avocat et sait désormais faire face au pouvoir quand il outrepasse ses droits. Ailleurs, en Asie du Sud-Est, un programme ambitieux d'éducation intégrale est mené par Enfants du Mékong, association caritative qui sait qu'il ne suffit pas d'assurer les besoins vitaux des plus pauvres, mais qu'il faut aussi leur donner une voie d'avenir avec une éducation prenant en compte à la fois les connaissances et la dimension relationnelle et affective. Lançant avec l'UNESCO un « pacte global pour l'éducation » le pape François a repris un proverbe africain : « il faut tout un village pour élever un enfant » ; et certains y arrivent bien. Ceux qui croient en l'avenir tant qu'il y a de l'humain et du commun savent la lumière apportée par l'éducation dans le monde. Au moment des départs en vacances, gardons le retour à l'école comme une source d'espérance ! PHILIPPE FRANCESCHETTI DE LA REVUE EDUCATIO

Un jour, une révolte

Par Kévin Boucaud-Victoire,
journaliste

Lyon
La Commune (presque) oubliée

Six mois avant les Parisiens, les Lyonnais se sont également révoltés contre le pouvoir bourgeois, soutenus notamment par Mikhaïl Bakounine.

150 ans après la Commune de Paris, les exploits de Louis Michel, Édouard Vaillant, Jules Vallès, Gustave Lefrançais et les autres sont encore parfaitement connus de tous les apprentis révolutionnaires. Et pour cause, ces 72 jours de révoltes ont inspiré tous les grands mouvements radicaux qui ont suivi, des bolcheviks aux anarcho-syndicalistes, en passant par Mai 68. Malheureusement, la postérité de la Commune de Paris a effacé de la mémoire collective l'expérience lyonnaise.

Le 1er septembre 1870, les troupes de Napoléon III sont défaites à Sedan par l'armée prussienne. Cet événement provoque la fin du Second Empire. Le 4 septembre, quelques heures avant les Parisiens, les Lyonnais proclament la Troisième République. Cet événement symbolique ne doit rien au hasard : depuis plusieurs mois les membres lyonnais de l'Association internationales des travailleurs (AIT ou Première Internationale) préparent les ouvriers à la révolution, 22 ans après la dernière révolte des canuts. Ils sont en lien étroit avec Mikhaïl Bakounine, pionnier de l'anarchisme, alors en Suisse. Le Russe débarque dans une capitale des Gones en pleine agitation, le 14 septembre 1870. Les Lyonnais ne l'ont en effet pas attendu pour prendre les choses en mains. Un Comité de Sûreté Générale et un Comité révolutionnaire ont été mis en place. Ils ont pris respectivement possession de l'Hôtel de Police et de la mairie d'arrondissement de la Guillotière. Républicains, socialistes et anarchistes font, tant bien que mal, front commun. Entre le 5 et le 15 septembre, les nouvelles autorités républicaines lyonnaises prennent une série de mesures révolutionnaires qui inspireront les Parisiens, comme la suppression des subventions aux congrégations, la séparation de l'Église et de l'État, l'instauration d'un impôt sur les valeurs mobilières et immobilières, la suppression de l'octroi, la restitution des biens déposés en gage, ou encore la création de chantiers pour employer les chômeurs.

Le 17 septembre, un Comité du salut de la France – en référence au Comité de salut public de la Révolution française – est fondé et proclame la Commune de Lyon. Bakounine, mais aussi Camille Camet, Albert Richard, Charles Beauvoir, ou Gustave Cluseret en sont membres. Un programme révolutionnaire ainsi qu'un plan pour une insurrection sont établies. Le 28 septembre, Lyon se soulève, afin d'exiger le remplacement du gouvernement provisoire par une fédération de communes décentralisée et combattante.

> Les nouvelles autorités républicaines lyonnaises prennent une série de mesures révolutionnaires qui inspireront les Parisiens, comme la suppression des subventions aux congrégations, la séparation de l'Église et de l'État…

Des milliers déboulent dans les rues lyonnaises et envahissent l'Hôtel de ville. Malheureusement, désarmés, ils sont écrasés par la Garde nationale. Ils ne vont néanmoins pas en rester là. Le 22 mars 1871, quatre jours après le démarrage de la Commune de Paris, les révolutionnaires lyonnais démarrent une deuxième insurrection. Cependant, cette fois, seuls les plus radicaux sont à la manœuvre, galvanisés par les événements de la capitale. La Commune est à nouveau proclamée et l'insurrection dure 3 jours. Elle reprend du 30 avril au 1er mai. L'armée tue une trentaine de personnes, sur une foule constituée de 20 000 à 25 000 insurgés, au quartier de la Guillotière. Lyon la révolutionnaire est bel et bien morte.

Par Camille Rougier,
membre de la
rédaction

Des cathos contre Versailles

Wikimedia

De l'eau bénite dans le pétrole de la Commune

Du 21 au 28 mai 1871, les « Versaillais » écrasent dans un bain de sang historique les révolutionnaires de la Commune. Bien que les communards soient anticléricaux dans leur grande majorité, on retrouve – non sans surprise – des auteurs catholiques qui se rallient à l'insurrection populaire. Florilège.

Ils sont écrivains, catholiques de surcroit. Rien ne laisse présager leur adhésion à la cause communarde. D'un côté, les communards viscéralement anticléricaux et de l'autre, les Versaillais conservateurs et catholiques, telle est l'opposition un peu simpliste retenue par la postérité. Car, pendant les soixante-douze jours de la Commune, les Fédérés proclament la séparation de l'Église et de l'État, assassinent des religieux, fusillent Monseigneur d'Arboy, l'archevêque de Paris, perquisitionnent et profanent des églises. Et, comme le montre l'ouvrage de Paul Lidsky *Les écrivains contre la Commune*, très peu d'hommes de lettres soutiennent les insurgés. Le milieu littéraire est au contraire horrifié par les bains de sang et la « démence » populaire. Feydeau, Flaubert, Zola ou encore Georges Sand condamnent ouvertement les agissements des communards. Rares sont ceux, parmi les écrivains, qui s'engagent réellement. Ce serait pourtant oublier Péguy, Villiers de l'Isle Adam, Bloy, et Bernanos.

LA COMMUNE DES ÉCRIVAINS

Une première exception : Villiers de l'Isle Adam, un aristocrate rebelle qui participe activement à l'insurrection et dresse une grande fresque des évènements sous le titre de *Tableau de Paris sous la Commune*. Fervent catholique, il partage tout de même l'exaltation des communards et admire leur détermination héroïque. Il voit dans *« les enterrements noirs [...], avec des fanfares, de sombres coups de tambours et de longs étendards couleur de vengeance »* de quoi nourrir son idéalisme et son inspiration symboliste.

Des cathos contre Versailles

Mais il retournera sa veste rapidement pour sauver sa vie.

Avec Bloy, Péguy pose un regard compatissant sur ses martyrs trop longtemps maltraités par les puissances de l'argent et l'ordre moral petit bourgeois.

D'autres contemporains ouvrent la voie d'une autre vision de la Commune, ce sont Barbey D'Aurévilly et, à sa suite, Léon Bloy. Cette filiation intellectuelle leur fait voir dans les Parisiens insurgés une saine réaction contre une modernité qui asservit les faibles à la domination de l'argent et du capital. Bloy ne monte pas sur les barricades, mais c'est bien « un communard avant la Commune ». Et pour cause, quand il arrive dans la capitale sans un sou en poche, il partage les vicissitudes de ses habitants, il fréquente les milieux du socialisme révolutionnaire où il se fait une idée très arrêtée et très critique de la bourgeoisie d'Empire. Dans *Belluaires et Porchers* il écrit avec emportement : « *L'homme capable de trépigner ainsi sur des vaincus et des enchaînés ne résume-t-il pas expressivement cette bourgeoisie féroce, adipeuse et lâche, qui nous apparaît comme la vomissure des siècles et qui l'a si justement choisi pour son précepteur ?* ». Les soulèvements de la Commune font écho à sa révolte personnelle contre le Second Empire et tout ce qu'il représente de capitaliste, de confortable et bien-pensant.

DES CAHIERS DE LA QUINZAINE EN ROUGE

Mais les plus vifs défenseurs de la Commune écrivent *a posteriori*. De Péguy et Bernanos, aucun n'est vraiment contemporain de l'événement. Tous deux condamneront pourtant la répression menée par Thiers contre les Fédérés pendant la Semaine Sanglante. Péguy œuvre personnellement à la postérité de la Commune et à la pérennité de sa mémoire. Il écrit dans *Notre jeunesse* : « *Où est notre semaine ? Quelle sera votre fête ? Quel est votre anniversaire ? Quel jour sera le jour de votre commémoration ? Quel jour les petits arrivistes ultérieurs célébreront-ils, organiseront-ils votre glorieux cinquantenaire, votre centenaire, votre bi-centenaire, votre cinq-centenaire. Il faut tout cela pour l'histoire. Où est votre semaine tragique, la plus belle peut-être de toute, semaine de mai, de qui mai est tâché pour son éternité temporelle, semaine tragique, grande comme l'antique, plus grande, si puissamment, grandement tragique, si douce à moi cruelle* ». Il fait aussi publier dans ses *Cahiers de la Quinzaine*, au grand désespoir de ses abonnés, *Les Cahiers rouges* de Maxime Vuillaume, anticlérical et radical, dans lesquels il partageait ses états d'âme et son quotidien sur les barricades. Il veut perpétuer la mémoire de cette insurrection qui est à ces yeux le dernier soubresaut d'un peuple en déshérence. Il pose aussi avec Bloy un regard compatissant sur ces martyrs trop longtemps maltraités par les puissances de l'argent et l'ordre moral petit bourgeois.

Bernanos, quant à lui, lance dans *La Grande Peur des bien-pensants* un vif réquisitoire contre la « *vile répression* » du « *petit homme Thiers* », symbole d'une époque dominée par « *l'accès de panique du monde conservateur, la férocité stupide de ces libéraux, de ces orléanistes, de ces modérés de tout poil, devenus des moutons enragés* ». Face à elle s'est enfin soulevé le peuple animé, par ce qu'il appelle le « *socialisme autochtone* », une sorte de sentiment populaire inspiré par Dieu.

Dans le même temps, et c'est leur singularité, Péguy autant que Bernanos condamnent l'Internationale dont le dogmatisme écrase l'être humain et le dépossède de sa lutte. Au diable les révolutionnaires de salon, dont l'idéalisme porte en germe les dérives totalitaires, éloignés d'un peuple en souffrance, qui enfin se soulève.

Admiration, compassion et révolte, sont les couleurs de cette Commune des écrivains catholiques, qui revisitent avec nuance la complexité de la cause des Fédérés et proposent une mémoire différente de la lecture marxiste. Refus du clivage traditionnel droite-gauche, lecture critique de l'argent devenu tout puissant, la Commune au prisme de ces écrivains ne s'embarrasse d'aucune limite... CR

Le Pape a dit…

L'Évangile du Christ pousse à avoir une attention tout à fait particulière à l'égard des pauvres et demande de reconnaître les multiples, les trop nombreuses formes de désordre moral et social qui engendrent toujours de nouvelles formes de pauvreté. La conception selon laquelle les pauvres sont non seulement responsables de leur condition mais constituent un fardeau intolérable pour un système économique, qui place au centre l'intérêt de certaines catégories privilégiées, semble faire son chemin. Un marché qui ignore ou sélectionne les principes éthiques crée des conditions inhumaines qui frappent des personnes qui vivent déjà dans des conditions précaires. On assiste ainsi à la création de pièges toujours nouveaux de la misère et de l'exclusion, produits par des acteurs économiques et financiers sans scrupules, dépourvus de sens humanitaire et de responsabilité sociale.

Extrait du discours qui sera prononcé lors de la Ve journée mondiale des pauvres (14/11/2021)

Ashwin Vaswani – Unsplash

Dans les pas de Lanza

Le réchauffement qui fait froid dans le dos !

« Je vous invite à mon mariage. Nous le fêtons en Colombie. J'affrète un avion pour tous les invités et offre l'hôtel ; j'aimerais que vous soyez mes témoins »... Ainsi commence le récit édifiant d'amis lors d'une conversation sur le réchauffement climatique. Au pied de la piste un bus VIP attend les invités, traverse Bogota et ses bidonvilles, aux cloisons si délabrées que l'on croise le regard des habitants. Enfin, c'est l'hôtel de luxe protégé par des barbelés et des miradors. À l'intérieur chacun reçoit un bracelet électronique qui seul ouvre les portes. C'est la découverte pour nos amis du monde des riches.

Lors d'un repas, ils partagent avec un convive leur étonnement à propos de la salle de bain où cohabitent le chauffage au sol qui réchauffe les pieds et la climatisation pour refroidir la tête ! Celui-ci leur répond que chez lui à Dubaï, les arrêts de bus ouverts sont climatisés et que des travaux sont en cours pour climatiser les plages.

Les faits sont têtus : *volens nolens*, l'empreinte écologique et le bilan carbone croissent de façon asymptotique avec le niveau économique. Si bien que dans votre élan de générosité pour sauvegarder la planète, je devine votre interrogation, que vous n'osez pourtant formuler à haute voix : faut-il tuer les trop riches ?

Malheureusement, une telle solution, séduisante sur le papier, offre un double biais dirimant (outre la question morale) : son opérativité paraît incertaine, et d'autre part les candidats pour prendre les places laissées vacantes sont nombreux.

DR

> L'hyper richesse se nourrit en effet de tous nos appétits : ils sont trop riches parce que nous aspirons à le devenir. C'est pourquoi nous mettons autant d'énergie à acquérir la pauvreté que d'autres la richesse.

C'est donc une solution plus radicale que nous expérimentons en communauté : ce n'est pas tant aux riches qu'à la richesse que nous nous attaquons. L'hyper richesse se nourrit en effet de tous nos appétits : ils sont trop riches parce que nous aspirons à le devenir. C'est pourquoi nous mettons autant d'énergie à acquérir la pauvreté que d'autres la richesse. Il s'agit d'une pauvreté laborieuse dans laquelle le travail rural et artisanal nous met à l'abri de la misère. En nous passant du confort et des facilités de la société de consommation, nous réduisons notre empreinte écologique tout en ne contribuant pas à la concentration des fortunes. Ce faisant, nous n'entendons pas vivre repliés sur nous-mêmes mais bien au cœur des problèmes contemporains. Deux conditions sont requises : renoncer à la richesse si le hasard de nos biographies nous en a doté, ou renoncer à la convoiter. Il s'agit en définitive d'apprendre à ne plus chérir les causes dont nous déplorons les effets.

Nombreux sont les jeunes en recherche qui viennent nous visiter ; ils aspirent souvent à une vie écologiquement plus cohérente. Le plus grand obstacle qu'ils rencontrent chez nous est sûrement la place occupée par le travail des mains. Cela se comprend : rien dans nos civilisations urbaines émollientes ne prépare à la confrontation avec le monde réel dans lequel l'on gagne son pain à la sueur de son front. La sagesse, qui est une économie de souffrances, nous invite pourtant à en faire l'apprentissage dès aujourd'hui plutôt que d'attendre l'urgence d'une civilisation déstabilisée sur une planète en surchauffe. Le chemin n'est pas impossible, nous y avons trouvé paix, force et joie ● LES COMPAGNONS DE L'ARCHE DU GWENVES

Incommodes et travaux

Par Lizenn Valo,
enseignante

Des racines et de l'oseille

Floklorique, réac', chauvin... L'intérêt pour les cultures régionales n'a pas bonne presse. On peut pourtant y puiser les ferments d'un amour universel.

Qu'est-ce qui, pour vous, va de pair avec les vacances d'été ? Mojitos sur la plage ? Grandes tablées en famille suivies d'une sieste digestive ? Excursions en montagne ? Si vous vous posez la question, c'est que vous faites partie des 53 % de la population (selon l'Observatoire des Inégalités) qui ont les moyens financiers et le réseau familial ou amical suffisant pour partir en vacances.

Notre vision des vacances, renforcée à grands coups de marketing, est celle d'une classe urbaine ou périurbaine et plutôt aisée. De celle-ci découle une vision de « nos régions » comme des endroits où fleurissent des marchés de produits locaux et d'artisanat et des manifestations folkloriques.

RÉGIONALISME CONSOMMABLE

Après une année scolaire à prendre les transports en commun franciliens matin et soir, je n'ai pas trop à me faire prier pour aller au festival de Cornouaille quand nous séjournons chez mes beaux- parents dans le Finistère. Je suis néanmoins consciente que dans certains esprits se fait tout naturellement la division entre un mode de vie urbain et actif, tourné vers le présent, et un passé campagnard et folklorique qui n'a d'intérêt qu'à des périodes bien définies, majoritairement en été.

Le reste du temps, ce régionalisme que nous trouvons si divertissant et inoffensif quand il est consommable devient une menace pour la République, voire un retour en arrière mortifère. On a beaucoup débattu sur les langues régionales ces derniers temps, mais d'autres marqueurs régionaux semblent définitivement voués aux oubliettes. Pourquoi avons-nous donc abandonné les habits traditionnels, ou la décoration de meubles et de céramique ? Pourquoi personne ne milite pour que les savoir-faire locaux intègrent les cursus scolaires ? Pourquoi considérons-nous cet embellissement des choses du quotidien superflu, voire carrément inutile ?

Dans le dernier numéro de *Limite*, Marianne Durano remettait en question dans son édito la maison devenue catalogue Ikea, pensée pour un confort sans âme qui laisse la place belle à une vie passée sur les écrans. Il suffit de troquer ledit catalogue pour un livre comme *Folk Art of Europe* (Helmuth Bossert, Éditions Rizzoli, 1990) pour se rendre compte de tout ce que nous avons perdu, et continuerons de perdre, si nous ne réfléchissons pas à l'impact de cette esthétique aseptisée, produite et achetée à la chaîne, qui est désormais devenue la norme.

Pourquoi avons-nous donc abandonné les habits traditionnels, ou la décoration de meubles et de céramique ? Pourquoi considérons-nous cet embellissement des choses du quotidien superflu, voire carrément inutile ?

IDENTITÉ CONTRE ANONYMAT

Les costumes et les décorations traditionnelles, ancrées dans un savoir-faire local, seraient un frein à l'expression de l'individualité, une chape de plomb incompatible avec la modernité. Dans ma belle- famille finistérienne, personne n'a gardé les dentelles et les broderies des aïeules, et mes quelques questions à ce propos sont restées sans réponse claire pour l'instant, mais j'ai cru percevoir que cela s'est fait en même temps qu'un rejet du catholicisme comme ordre social arbitraire et étouffant dont il fallait se défaire.

Chris Montgomery – Unsplash

Incommodes et travaux

Wikimedia

Dans ma belle-famille finistérienne, personne n'a gardé les dentelles et les broderies des aïeules.

Cependant, si je m'intéresse autant à ce genre de vestiges, ce n'est pas par idéalisation romantique du temps d'avant. C'est parce que je sais de première main à quel point cela peut être un facteur essentiel dans l'unité d'une communauté, surtout quand celle-ci a été ravagée par la désindustrialisation. La ville d'où sont originaires mes propres ancêtres, en Wallonie, tire toute son identité de son carnaval, avec ses codes et ses traditions, ses costumes et ses symboles visuels, et tout l'artisanat qui va avec : sabotier, tailleur, fabricant de masque en cire. Sans le carnaval, elle ne serait qu'une localité anonyme, comme il en existe tant d'autres dans la région, où les anciens terrils côtoient les grandes surfaces remplies de produits à bas coût fabriqués à l'autre bout du monde.

LA « MALADIE DU DÉRACINEMENT »

On me répondra que la promotion de l'art et de l'artisanat local, tout comme celle des langues régionales, définit un « nous » bien précis et est donc inséparable du rejet des étrangers, cette masse de « eux » qui, quand ils ne sont pas des touristes prêts à ouvrir leur portefeuille, incarnent le danger de l'acculturation, voire du fameux « remplacement » au cœur de peurs hystériques déguisées en théories. Mais cette tension existe bien : comment faire la part des choses entre la préservation et la célébration d'une culture locale et le renfermement sur soi ?

Inspirons-nous du texte lumineux de Simone Weil, *L'Enracinement*, dans lequel elle promeut les échanges fraternels et rejette toute crispation identitaire qui étoufferait nos racines. Aux conquêtes guerrières qui écrasent les opprimés, elle ajoute « *le pouvoir de l'argent et la domination économique* » dans les causes de la « *maladie du déracinement* ».

Quelle est la plus grande menace pour nos racines, entre une mère désespérée qui traverse la Méditerranée sur un bateau de fortune, serrant contre elle son enfant, et les multinationales qui voudraient couvrir la terre d'entrepôts et remplir le ciel de drones marchands ? Achetons local, fabriquons régional, et aimons global : voilà qui pourrait être des pistes pour trouver le juste milieu.

Histoire d'un tube

Par Blanche Streb,
essayiste

Tu ne tueras point

La loi sur l'euthanasie débattue à l'Assemblée nationale en avril dernier prétend défendre la liberté des personnes en fin de vie à se donner la mort. On peut douter que cette loi défende vraiment la liberté.

Le spectre de l'euthanasie revient régulièrement. Six pays dans le monde l'ont déjà dépénalisée. Une nouvelle offensive vient de secouer la France et ses répliques sont déjà annoncées. Sa version 2021 arbore plus que jamais le mot « liberté ». Cette liberté mise justement douloureusement entre parenthèse depuis des mois au motif de...sauver des vies.

La proposition de loi débattue en avril commençait ainsi : « Notre démocratie a su conquérir, une à une, toutes les libertés. Toutes, sauf celle de choisir sa mort ».

Mais une telle loi défend-elle vraiment la liberté, ou au contraire, en fait-elle sa première victime ?

On l'aura tous remarqué – c'est assourdissant – sondages, reportages, stars-bavardages, tout alimente l'idée fausse que nous n'aurions que deux options : souffrir indéfiniment ou mourir par injection létale. On en oublierait presque que l'obstination déraisonnable est interdite par la loi et que tout faire pour soulager la douleur est un devoir du corps médical, même si certains traitements ont parfois pour effet d'abréger la vie (principe du double effet décrit par St Thomas d'Aquin). Ainsi, celui à qui on laisse croire qu'il a la liberté de choisir, mais n'a d'autres choix que 1/ souffrir ou 2/ se supprimer ou être supprimé n'est évidemment déjà plus libre de son choix. Il y a d'autres voies, bien sûr, que seul le refus absolu de l'euthanasie peut permettre de développer.

Légaliser l'euthanasie serait une rupture, suivie d'un glissement de terrain. La peur de devenir un poids pour son entourage grandira à mesure que le regard collectif sur la fragilité se brouillera ou se détournera, à cause de l'existence même d'une telle loi. Cette pseudo liberté poussera d'abord les plus faibles à s'y résigner. On dira : *c'est leur droit, c'est ce qu'ils veulent.* Ensuite, même ceux qui ne le veulent pas y auront droit.

Et quelle liberté pour ceux contraints à pratiquer ce geste irrémédiable ? Dans une tribune, des médecins indignés parlent d'une pratique résolument contraire à leur mission, déontologie, vocation, pratique et à leur serment professionnel. Ils s'interrogent sur cette « *liberté qui s'exécute en s'exécutant, qui s'anéantit en s'accomplissant* ».

Légaliser l'euthanasie serait une rupture, suivie d'un glissement de terrain. La peur de devenir un poids pour son entourage grandira à mesure que le regard collectif sur la fragilité se brouillera ou se détournera, à cause de l'existence même d'une telle loi.

L'interdit de tuer est gravé dans le marbre de la déontologie médicale depuis 2 500 ans, il l'est aussi, il faut y croire, dans la loi morale inscrite dans le cœur de l'Homme. Prendre soin des personnes vulnérables, des malades et des mourants est sans doute le critère ultime de notre humanisation. Des progrès sont encore attendus. Ceux qui accompagnent ceux qui meurent ont beaucoup à nous apprendre sur tout ce qui reste à faire quand il n'y a plus rien à faire. Rester humain, jusqu'à la fin.

National Cancer Institute – Unsplash / Éditions de l'Emmanuel

Ciel, Marie !

PAR PAR LE FOYER MARIE-JEAN - ILLUSTRATION DE BENDO

Solennité de l'Assomption de la Vierge Marie (dimanche 15 août) Évangile (Lc 1, 39-56)

En ces jours-là, Marie se mit en route et se rendit avec empressement vers la région montagneuse, dans une ville de Judée. Elle entra dans la maison de Zacharie et salua Élisabeth. Or, quand Élisabeth entendit la salutation de Marie, l'enfant tressaillit en elle. Alors, Élisabeth fut remplie d'Esprit Saint, et s'écria d'une voix forte : « Tu es bénie entre toutes les femmes, et le fruit de tes entrailles est béni. D'où m'est-il donné que la mère de mon Seigneur vienne jusqu'à moi ? Car, lorsque tes paroles de salutation sont parvenues à mes oreilles, l'enfant a tressailli d'allégresse en moi. Heureuse celle qui a cru à l'accomplissement des paroles qui lui furent dites de la part du Seigneur. » Marie dit alors : « Mon âme exalte le Seigneur, exulte mon esprit en Dieu, mon Sauveur ! Il s'est penché sur son humble servante ; désormais tous les âges me diront bienheureuse. Le Puissant fit pour moi des merveilles ; Saint est son nom ! Sa miséricorde s'étend d'âge en âge sur ceux qui le craignent. Déployant la force de son bras, il disperse les superbes. Il renverse les puissants de leurs trônes, il élève les humbles. Il comble de biens les affamés, renvoie les riches les mains vides. Il relève Israël son serviteur, il se souvient de son amour, de la promesse faite à nos pères, en faveur d'Abraham et sa descendance à jamais. » Marie resta avec Élisabeth environ trois mois, puis elle s'en retourna chez elle.

Pas con l'ancien !

Par Marguerite Archambault, membre de la rédaction

Lady Reagan and Mister Tatcher, 1988

Wikimedia

Baisemain
Stratégie de la main tendue

D'après le Larousse, le baisemain renvoie à l'action de baiser la main d'une femme ou la main d'un souverain en signe de politesse ou de respect. D'autres ont nourri cette définition pour le moins succincte : le baisemain ne se pratique jamais en public, toujours à une femme mariée ou divorcée, ou importante et / ou âgée – n'oublions pas que « la valeur n'attend point le nombre des années. » L'homme s'incline avec souplesse et fermeté, après avoir enlevé son chapeau, vers la main tendue et se garde bien de poser ses lèvres sur cette dernière – aucun rapport avec le Covid ; ladite main n'étant pas gantée, sauf en cas de tenue de soirée.

Cette pratique trouve son origine dans la coutume médiévale qui consistait pour un vassal à baiser la main de son seigneur, en signe de respect et d'allégeance. Souvenez-vous de Petit Jean dans *Robin des Bois*, embrassant avec application la main du prince Jean pour lui dérober ses pierres au passage… Ce n'est cependant qu'au début du XXe siècle que cette coutume se répandit en France sous le format qu'on lui connaît aujourd'hui, et hélas reléguée aux oubliettes d'un passé ridicule et pompeux, où la femme n'était pas l'égal de l'homme.

C'est sans doute le nœud du problème qui anime Serge Gainsbourg dans sa chanson *Ronsard 58* : on baise la main de cette femme car elle a de « chouettes avantages ». Un mépris tel que l'hebdomadaire *Point de Vue* (famille Pinault), consacré aux familles du Gotha et autres célébrités s'interrogeait en 2017 : « ringard ou tendance » ?

Il existe pourtant plusieurs bonnes raisons pour remettre le baisemain au goût du jour, des raisons certes variées mais chacun pourra piocher à sa guise pour trouver celle qui lui convient le mieux :

Un symbole de la puissance féminine : c'est effectivement un point trop souvent oublié dans les définitions du geste, mais c'est la femme qui prend l'initiative de tendre la main pour inviter l'homme à la lui baiser, en signe de respect. Une façon de s'incliner devant la force et le respect qu'inspire la gente féminine.

Une façon de célébrer l'âge et la sagesse acquise, de manière discrète : la restriction du geste aux femmes mariées ou d'un âge certain montre le respect de toutes les générations pour les femmes mûres.

Un langage bien plus parlant : malgré nos multiples outils de communication, nous ne semblons pas vraiment être plus à l'aise pour se dire les choses. Alors pourquoi renoncer au baisemain qui peut dire tant de choses ? « Un mot, un geste et Jacky fait le reste ! »

Un substitut fort utile, mais n'oublions pas, qui ne marche que dans un sens, à la bise désormais considérée comme douteusement peu hygiénique, et qui évite la gêne du petit geste de la main dans l'air en mode chasse-mouche.

Mesdames, tendez donc votre main nonchalamment dans un bar, messieurs inclinez-vous, l'effet sera épatant.

TERRILS EN LA DEMEURE.
Entre Drocourt et Hénin-Beaumont (62), mars 2016. Le terril n° 205 vu du terril n° 101 – Photo de Vincent Jarousseau

POLITIQUE

VOYONS VOIR

Pages dirigées par Paul Piccarreta

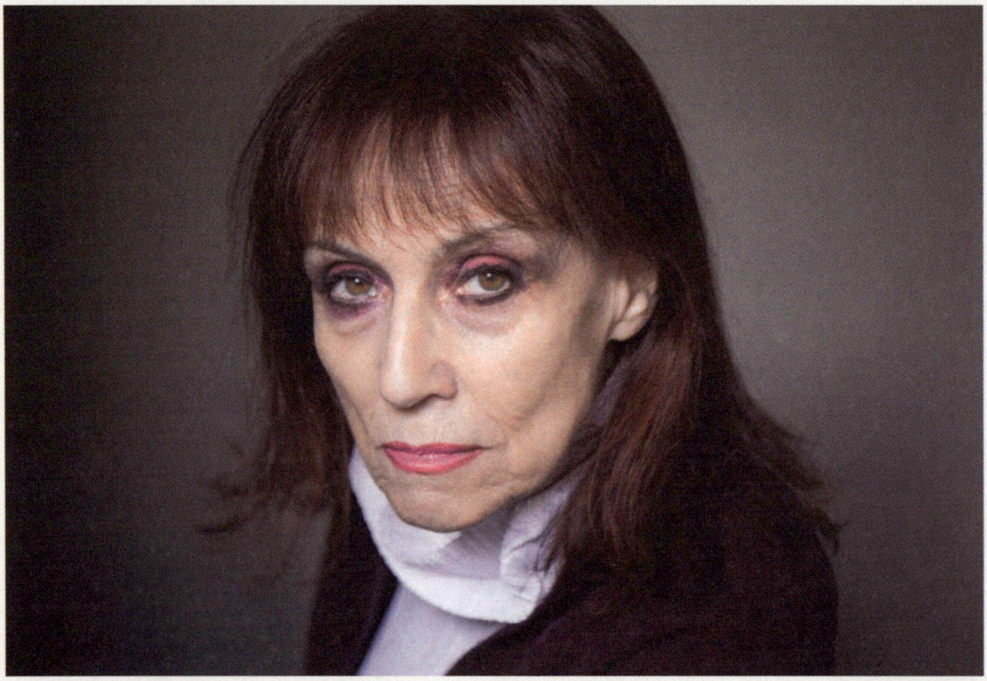

Annie Le Brun

Le règne de l'image sans imagination

Plongée dans l'œuvre d'Annie Le Brun, poétesse surréaliste devenue essayiste critique de notre temps où l'image, otage du capital, a rompu avec l'imagination. Et donc avec la possibilité de l'insurrection.

PAR YOUNESS BOUSENNA

Philippe Matsas – Stock

Depuis quelques mois, certaines expressions sont devenues suspectes. Surtout quand elles qualifient l'une des ambitions les mieux partagées de notre époque : être viral. Le pathologique est-il l'objectif de notre temps ? L'une de nos intellectuelles les plus singulières nous offre un début de réponse. *« À l'évidence, le choix du modèle viral constitue, jusque dans les raisons avancées de rapidité, d'efficacité et d'agressivité, une des plus exactes métaphores de la culture distributive. »*, écrit Annie Le Brun dans son dernier essai. *Ceci tuera cela. Image, regard et capital* (Stock), coécrit avec Juri Armanda, réfléchit au statut des images dans une société où elles prolifèrent selon des ordres de grandeurs monstrueux. Savez-vous qu'il faudrait quatre siècles pour visionner toutes les vidéos mises en ligne sur Facebook ? Ou que seulement sept minutes de contenus publiés sur Instagram vous demanderaient quatre-vingts années de consultation, autrement dit une vie ?

Peut-être est-ce parce qu'Annie Le Brun, 79 ans, a toute sa vie baigné dans les images que le vertige de ces chiffres l'a saisie. La poétesse surréaliste, qui a côtoyé André Breton dans les années 1960, est une grande connaisseuse d'art. Commissaire de l'exposition « Sade. Attaquer le soleil » qui s'est tenue en 2014 au musée d'Orsay, sa vie s'est faite entourée par les artistes. Parmi eux, le croate Radovan Ivsic (1921-2009), compagnon de sa vie, et la peintre tchèque Toyen (1902-1980) – autant de créateurs dont elle rend compte dans le recueil *Un espace inobjectif* (2019), où elle raconte son rapport aux images. Mais voilà bien longtemps qu'Annie Le Brun se sent étouffer. Après trois décennies d'inspiration poétique, et dont l'ensemble se lit dans l'anthologie *Ombre pour Ombre* (2004), une autre œuvre commence quand s'écroule le mur de Berlin : *Appel d'air*, en 1988, signale un changement de ton. L'écrivaine suffoque, et appelle à une *« insurrection lyrique »* dans un monde où le réel rétrécit l'horizon des possibles. *Du trop de réalité*, en 2000, enfonce le clou. Elle s'en prenait alors à l'homme connexionniste, enfermé dans sa vie « en temps réel » et sommé de s'adapter à une société devenue liquide, mais aussi au dévoiement du langage et à l'artifice qui, partout, dégrade la réalité qu'il singe : *« On a les Lumières qu'on peut, notre époque se sera éclairée à la pollution lumineuse. »*

Mais c'était avant le numérique. Avant que cette spécialiste de la littérature érotique et de Sade (à qui elle a consacré l'étude *Soudain un bloc d'abîme, Sade*, devenue une référence) ne revienne à la charge, deux décennies plus tard. *« C'est la guerre, une guerre qui se déroule sur tous les fronts et qui s'intensifie depuis qu'elle est désormais menée contre tout ce dont il paraissait impossible d'extraire de la valeur »* : c'est à l'invasion du capital dans l'art qu'elle s'attaque dans *Ce qui n'a pas de prix* (2018). Mais, au-delà, il s'agit d'un cri de révolte contre *« un enlaidissement du monde qui progresse sans que l'on y prenne garde »* et qui détruit, petit à petit, *« nos paysages intérieurs »*. Car la beauté, donc la laideur, est politique. Trois ans et une pandémie plus tard, *Ceci tuera cela* met l'image au centre, cette image qui nous a sauvés du néant lors des différents confinement. Zoom, Facebook, YouTube, Instagram, TikTok : l'image a été *« le seul espace sûr pour une réorganisation autonome des intérêts sociaux, politiques, économiques, qui plus est avec l'argument imparable de libérer la société du risque des contacts physiques, tel un nouveau préservatif. »* La viralité a-t-elle trouvé son triomphe dans la société du « sans contact » ?

L'ère du smartphone marque une révolution du statut de l'image dans notre société par le fait qu'elle peut être en un même mouvement produite et distribuée à toute l'humanité via les réseaux sociaux.

De la Joconde au selfie

À vrai dire, ce qu'Annie Le Brun et son coauteur Juri Armanda diagnostiquent dans *Ceci tuera cela* dépasse la pandémie. La thèse centrale de leur essai tient en une phrase : l'ère du smartphone marque une révolution du statut de l'image dans notre société par le fait qu'elle peut être en un même mouvement produite et distribuée à toute l'humanité via les réseaux sociaux. D'où le qualificatif d'« image distributive » attribué à cette image nouvelle, qui rompt avec la situation saisie par Walter Benjamin (1892-1940) dans son célèbre texte *L'œuvre d'art à l'époque de la reproductibilité technique* (1936). Le philosophe

Nate Johnston - Unsplash

Écran total

LA PHOTO NUMÉRIQUE, André Rouillé, L'Échappée, 224 p., 17 €

Cet été, quand vous verrez défiler les photos de bronzage de vos « amis » sur Instagram, dîtes-leur qu'ils font le jeu du néolibéralisme. Et s'ils vous demandent ce qui vous prend, offrez-leur *La photo-numérique une force néolibérale*. André Rouillé y explique que ce qui importe dans la photo-numérique n'est pas tant sa valeur esthétique ou artistique, ni sa valeur représentative ou d'exposition, mais sa valeur d'échange. Chacun des infra-amateurs de la photo communique sur son produit (sa vie privée), selon des processus normés qui modulent la vérité (mise en scène, retouche), et le publie gratuitement sur une plateforme (qui s'empresse de le monétiser), ceci sur un marché mondialisé, côté à la seconde grâce à l'instantanéité de la disponibilité des photos, et sous surveillance horizontale d'une multitude d'anonymes et verticale d'un algorithme. Le miroir d'une parfaite société néolibérale. GRÉGOIRE HINTERLANG

CECI TUERA CELA, Annie Le Brun et Juri Armanda, Stock, 306 p., 20 €

allemand y explique que la possibilité mécanique de reproduire les images brise l'« *aura* » provenant de leur unicité, qui fonde la puissance de l'œuvre d'art. « *La technique de reproduction – ainsi la désigne-t-on généralement – détache l'objet reproduit du cadre de la tradition. En multipliant les reproductions, elle remplace l'autorité de sa présence unique par une existence en masse* », écrit Walter Benjamin.

Les copies de *La Joconde* n'auront jamais l'aura de leur modèle. De cette ère de l'image reproduite, le portrait culte de Che Guevara serait l'emblème : l'art n'y est plus, mais cette célèbre image – tout comme les ambiguës sérigraphies d'Andy Warhol – font toujours culture, en ce qu'elles offrent des référents communs à nos sociétés. L'image distributive, elle, ne fait même plus culture : son déferlement empêche tout regard. « *La monstruosité du monstre vient de ce regard créé, formé et élevé dans l'espace clos d'une image refermée sur elle-même* », écrit Annie Le Brun. Cette ère trouve un symbole évident dans le selfie. On envoie sa propre image au monde pour qu'il nous la rende avec la gratification de *likes*. Et notre temps trouve sa *Joconde* dans la stupéfiante image d'Hillary Clinton à l'aéroport Orlando, en septembre 2016 : la candidate démocrate faisait alors face à une foule de dos, se photographiant dans la même perspective que la candidate. La perspective, c'est justement cela qui est détruit, alerte Annie Le Brun. Cette forêt de regards parallèles ne partage rien. Alors, à qui profite cette infinité d'images ? Aux seuls regards qui peuvent la contempler : le regard sans yeux des algorithmes, autrement dit du capital.

Tu ne rêveras point

Ceci tuera cela souligne la corruption de l'image par le capitalisme numérique et ses techniques, du *eye tracking*, cette technique consistant à adapter l'ergonomie des sites web aux mouvements de l'œil, au *tracking pixel* – pixel espion destiné à tracer les internautes. Dans cette société distributive, notre exposition aux images dépend seulement d'un principe, la similarité, qui devient « *le seul et unique principe de liaison dans l'espace d'Internet* ». Chacun est abreuvé, comme un animal élevé en batterie, d'images qui se ressemblent, dans une répétition du « même » qui confine à une « *prison du vertige* ». Une prison dont Annie Le Brun nous dit qu'elle a commencé « *à partir du moment où les ponts ont été coupés entre l'image et l'imagination* ». Car voilà le cœur de cette claustration dans le « trop de réalité » numérique : l'image distributive ne dit rien de plus qu'elle-même. Exit l'imaginaire, le rêve, l'ailleurs que leur contemplation appelle. « *De n'importe quelle façon, il faut ouvrir l'horizon* », déclarait naguère Annie Le Brun dans un documentaire qui lui était consacré (Valérie Minetto, *L'Échappée. À la poursuite d'Annie Le Brun*, 2015). Ces nouvelles images, produites en masse par les smartphones, bannissent l'horizon, siège de toutes les insurrections. Et nous éduquent à accepter, sagement, un monde sans aucune révolte possible. N'est-ce pas là le plus affligeant symptôme d'une époque qui se félicite d'être *virale* ? YB

Mika Baumeister – Unsplash

Vincent Jarousseau
« On entre dans la ville, on se plante dans un café, et on écoute »

Qu'est-ce qu'a la photographie que n'aura jamais la vidéo ?

L'image fixe. En fixant un instant, la photo produit une émotion singulière, notamment sur les visages. Elle procure une intimité avec l'objet photographié, son côté dispositif léger, peu intrusif. C'est un objet éminemment discret. Sa vertu est sa plus grande faiblesse : elle est muette. De là une certaine frustration. La photo n'est qu'évocatrice, il faut deviner tout le reste. Elle ne retranscrit pas la parole des gens. C'est pour ça que lorsque je vais sur le terrain, je prends les sons et les ambiances dans l'idée qu'il faudra retranscrire cette parole d'une manière ou d'une autre.

On vous connait pour votre travail dans les villes du Nord de la France, des endroits populaires où la pauvreté côtoie un certain sens de la débrouille. Ce sont vos origines ?

Non, je suis né à Nantes, dans un milieu petite classe moyenne, en grande banlieue de Nantes précisément. Mon père était peintre en bâtiment, ma mère au foyer. Typique famille de l'Ouest, Sud-Bretagne. Des parents qui ont cherché à bien nous élever, un milieu dans lequel la lecture est valorisée. Une famille de culture et d'éducation catholique, même si j'étais à l'école publique. C'est important, car il y a un lien avec ce que j'ai fait après. Le christianisme m'a donné le goût des autres. Les questions sociales, l'actualité au sens large, la politique m'ont toujours intéressé.

Avant la photo, vous faisiez quoi ?

Pendant mes études d'Histoire de l'art et d'Histoire à Paris, je travaillais en parallèle dans un centre de tri de la Poste pour financer mes études. J'y ai rencontré des gens de tous les milieux et de toutes les origines. En 1995, j'y ai vécu les grandes grèves contre la réforme de la sécurité sociale. C'est ici et à l'université que je me suis engagé politiquement. À l'issue de mes études, j'ai poursuivi mon engagement politique résolument à gauche en devenant collaborateur parlementaire, puis à partir de 2001, en étant élu dans le XIVe arrondissement. Mes engagements ont surtout été locaux, même si j'ai fait des campagnes notamment celle pour le « non » au Traité constitutionnel européen en 2005.

Vincent Jarousseau est journaliste photographe. Un jour, il décide de quitter les sentiers battus de la photo de presse pour croquer des visages moins connus. C'est dans trois villes françaises qu'il fera son premier livre, avec l'historienne Valérie Igounet, *L'illusion nationale : deux ans d'enquête dans les villes FN*, en 2017. À la recherche de l'électeur FN dans des villes désindustrialisées du Nord, de l'Est et du Sud de la France, il renonce à positionner son livre comme un brulot anti-FN. Ce sera plutôt le portrait brut et joyeux d'une partie de la France, d'une classe sociale, d'une manière de vivre. Après quoi, il file à Denain, ville nordiste de 20 000 habitants, touchée par le chômage. C'est la ville d'Usinor, fermée dans les années 80. Il raconte en photo la vie des gens pendant plusieurs mois, il montre leurs joies, leurs peines, la nudité du quotidien. Il en tirera le splendide *Les raisons de la colère*. Dans cette ancienne ville minière, il passe le plus clair de son temps au bistrot, chez les gens, sur le trottoir. Il montre les histoires et les liens que ces nouveaux invisibles tissent. Des liens qui ont une forme politique et qu'on appelle par chez nous *common decency*. Rencontre.

PROPOS RECUEILLIS PAR PAUL PICCARRETA - PHOTOS DE VINCENT JAROUSSEAU

Comment avez-vous décidé de devenir photographe ?

J'avais un appareil photo entre les mains depuis l'adolescence. Quand je me lance professionnellement, on est dans l'avènement du numérique. Alain Frilet, ancien grand reporter à Libération, me met le pied à l'étrier. Il avait lancé la revue *6 mois* et l'asso Parole de photographes. Je lui montre ce que je commence à faire. Lui me conseille d'adopter une double démarche : faire ce que beaucoup de photojournalistes font au début, c'est-à-dire des images d'actu, de l'actu chaude, de la conf' de presse, et bien sûr de la manif. Et puis de travailler sur des sujets au long cours. Alain Frilet me pousse à trouver une identité forte dans mon travail. Quelque chose qu'on ne voit pas ailleurs...

DENAIN C'EST LOIN. En septembre 2017, à Denain (59), Guillaume et sa fille Mandy.

Comment vous vient l'idée de suivre les électeurs du Front National ?

Au début des années 2010, Marine Le Pen prend la tête du Front National, et je cherche à m'intéresser à ce qu'est devenu ce parti. Je commence par le 1er mai et je découvre un mélange d'anciens du FN et de nouveaux visages. Je vois des gens qui viennent du Pas-de-Calais, de la Somme, des gens qui pourraient être mes cousins. Déjà à l'époque, on sait que les ouvriers votent de plus en plus FN. Le fait de les voir là, tous ces gens, descendus jusqu'à Paris, ça me donne envie d'en savoir plus. C'est à ce moment que je me dis qu'il faut aller rencontrer les électeurs plus que les cadres et les historiques. En parallèle, je rencontre l'historienne Valérie Igounet et nous décidons de partir ensemble dans les villes gérées par le Front National. Quelques temps plus tard, nous publions un premier reportage sur les villes FN dans la revue *XXI*. En cherchant un style, un ton, j'atterris sur la BD photo, avec des bulles, mais avec une dimension documentaire. Quelque chose de complètement inédit.

DENAIN ATHLÉTIQUE. Juillet 2018, Christian et Christiane dans le quartier du Nouveau Monde, fief d'Usinor dans le passé.

ALLEZ LES BLEUS. Guillaume ne s'intéresse au football qu'à l'occasion des grandes compétitions internationales comme l'Euro ou la Coupe du Monde. C'est pour lui surtout un prétexte pour participer à la fête.

À partir de ce moment-là, vous consacrez la majeure partie de votre travail à ces gens du Nord de la France. Y-a-t-il des raisons politiques ?

Oui. Je viens d'une petite classe moyenne attachée à l'émancipation des gens. La notion de groupe, de collectif a structuré mon imaginaire. Ce que je ressens, ce que je vois comme beaucoup d'autres, c'est le glissement de notre société vers la culture de l'individu. Je vois une gauche qui s'est détachée de ses engagements initiaux, qui s'est détournée de ces gens pour qui elle était censée se battre. La question de la lutte pour l'égalité entre les classes sociales est devenue un combat d'arrière-garde supplanté par d'autres causes qui parlent assez peu aux classes populaires. Aller vers ce public, c'est aussi revenir à mes racines. J'avais envie de prendre ma bagnole et d'aller voir. Quand je rentre dans ces villes de Beaucaire, Hayange et Hénin-Beaumont, je perçois quelque chose qu'on ne voit pas dans les grandes métropoles. Le meilleur moment, celui où vous comprenez pourquoi vous êtes ici, c'est quand vous commencez. On entre dans la ville, on se plante dans un café, et on écoute.

Après *L'Illusion nationale*, vous allez à Denain, une ville qu'on dit être l'une des plus pauvres de France. Denain, c'est loin ?

C'est aux environs de Valenciennes, le long du canal de l'Escaut, dans le département du Nord.

Là-bas, vous suivez de nombreux habitants que vous mettez en scène dans l'ordinaire de leur quotidien. Mais est-ce que poser c'est tricher ?

J'ai longtemps adopté une posture psychorigide sur ce sujet. Poser, constituer une mise en scène, c'était forcément tricher avec le réel. J'ai pris du recul avec cette attitude. Non, ce n'est pas un men-

ENTRE LES BRIQUES. Liévin (62), avril 2018. Loïc et Tatiana ont quitté Denain. Ils se sont installés chez le père de cette dernière. Loïc recherche un emploi, n'importe lequel pourvu que cela lui permette de faire vivre la famille.

« La question de la lutte pour l'égalité entre les classes sociales est devenue un combat d'arrière-garde supplanté par d'autres causes qui parlent assez peu aux classes populaires. Aller vers ce public, c'est aussi revenir à mes racines. J'avais envie de prendre ma bagnole et d'aller voir. »

Vincent Jarousseau

songe si on respecte les gens avec qui l'on est. Parfois, provoquer une situation dont on sait qu'elle correspond à un quotidien, ce n'est pas une trahison.

> **« Les électeurs du FN, ce n'est pas un sondage, c'est une réalité qu'on doit éprouver si on veut la connaitre. »**
> Vincent Jarousseau

Le temps est votre principal allié dans ce genre de travail documentaire...

Effectivement, si on veut aller au-delà de la surface, il faut passer du temps. Vivre une partie de l'expérience, pas seulement la commenter. Il faut se forcer à le faire. Les électeurs du FN, ce n'est pas un sondage, c'est une réalité qu'on doit éprouver si on veut la connaitre et la comprendre. Au-delà du vote, il y a tout simplement les conditions de vie, de travail. Savoir qu'une aide-soignante se lève à cinq heures du matin, fait trois heures de transports, c'est une chose. Le vivre, et pas seulement une fois, c'est différent. Le temps est indispensable, surtout si on veut pénétrer dans les foyers. L'intérieur parle beaucoup. Mais on ne s'invite pas chez les gens sans avoir eu leur confiance. Passer du temps, c'est aussi indispensable si on veut que les gens se confient. Parfois, des personnages que je suis depuis des années me confient des choses nouvelles, qu'ils gardaient secrètement. C'est une pelote de laine qu'on tire, et il arrive que certaines choses surgissent inopinément.

Qu'ont en commun les gens que vous photographiez ?

C'est une classe sociale, mais par quoi se définitelle ? C'est peut-être le sentiment d'appartenance à un groupe. Celui des gens qui n'auront pas forcément la possibilité de léguer grand-chose à leurs enfants. Des gens dont le capital éducatif limite les possibilités d'ascension sociale. C'est aussi le rapport au travail, aujourd'hui très abimé. Les représentations de la classe ouvrière ne sont plus les mêmes. Il y a eu une imagerie qui n'est plus d'actualité. Les classes pop, ce n'est plus seulement les ouvriers « Cégétisés ». Si vous passez à côté des travailleurs du BTP, des intérimaires, du travail féminin...vous ne pouvez pas saisir l'ampleur exacte de cette classe sociale. Et puis il y a tous ceux qui sont éloignés du travail, qui naviguent entre le chômage et les petits boulots non déclarés. Le commun, parfois, c'est aussi l'histoire d'une ville. J'étais sur le terril renard, à Denain, là où Zola a documenté l'écriture de Germinal. Et je croise deux petits gamins blonds avec leur vélo, qui trainaient là. Je leur demande s'ils savent où ils sont. Les deux gamins du Nord pensaient être sur une colline quelconque. La mémoire est parfois fragile. Même chez les plus âgés, il n'y a pas forcément la conscience d'être sur les terres des mineurs. Mais pour autant il y a un sentiment d'appartenance à un territoire. On sait parfois vaguement qu'on a eu un grand père qui travaillait à la mine ou à l'usine. Souvent ça lie. Les familles essayent de transmettre, elles sont à la fois protectrices et castratrices. Malgré tout, la famille est une forme de contre-société, dans le sens où sur des territoires qui ont été abandonnés par l'État, on s'organise de manière parallèle.

Ceux qu'on appelle les « petits blancs » existent-ils vraiment en tant que tel ?

Je travaille en ce moment dans un territoire rural post industriel, au sud de Maubeuge, pas loin des Ardennes. Les femmes qui travaillaient dans les filatures sont aujourd'hui aide-soignantes, aides à domiciles etc. Les petites blanches sont là. En région parisienne en revanche, où je travaille aussi sur le même sujet, elles sont pour la très grande majorité originaire d'Amérique du Sud ou d'Afrique. Donc il y a bien des groupes ethniques homogènes, inutile de le balayer d'un revers de la main. En revanche, il y a une chose qui est évacuée de la critique sociale, c'est le commun que ces populations peuvent avoir entre elles. Si elles se croisent peu, elles sont liées par leur subordination sur le marché du travail. J'ai lu avec beaucoup d'intérêt le livre de Stéphane Beau et Gérard Noiriel, *Race et sciences sociales*, qui a crée une polémique dans certains milieux. Ils ont une position intermédiaire très inconfortable que je

PRENDRE SON PIED. Wignehies (59), Février 2020. Séverine a 42 ans. Depuis qu'elle a 18 ans, elle est auxiliaire de vie au sein d'une association en milieu rural dans l'Avesnois. Chaque jour, elle apporte une aide aux personnes âgées. Il lui a fallu 15 ans de carrière pour gagner le SMIC.

13 septembre 2015, Marine Le Pen est à la grande braderie. Depuis 2007, elle en a fait un de ses rendez-vous annuels.
ICI
MEETING
DE MARINE
A 12H30
C'est l'inauguration du nouveau local des anciens combattants. Serge, leur président, demande aux journalistes présents de ne pas entrer dans les locaux.
Mais il est où, il est où le Mélenchon ?
La chanson existe depuis 2012, année où Jean-Luc Mélenchon s'est présenté contre Marine Le Pen aux élections législatives. Il a déclaré qu'il n'abandonnerait pas Hénin-Beaumont. Il n'y est jamais revenu.
Ils ont pas le sens de l'humour, ces bolchos, c'est dommage. Quand on a deux, trois militants du Front de gauche, on leur chante une petite chanson car ils ont l'air un peu tristes puis ils sont de moins en moins.
Nombre de jeunes femmes posent avec elle pour des *selfies*.

trouve pour ma part très juste et qu'on pourrait résumer très brièvement ainsi : la société a tendance à surdéterminer les appartenances ethniques. Il y a des groupes ethniques et culturels différents, certes, mais les hiérarchiser conduit à évacuer la question de la lutte des classes.

La solidarité s'exprime-t-elle de manière plus naturelle chez les personnes que vous photographiez ?

Elle est effectivement beaucoup plus visible. Il y a une chose toute simple, les portes des maisons sont ouvertes, les gens ne s'appellent pas avant pour se voir. Tu ne fais pas toc toc, tu rentres. *De facto*, c'est là que ces liens et les coups de main s'organisent. Tout le monde se connait. C'est lié à la taille, Denain par exemple est une ville de 20 000 habitants, mais aussi au statut social. Les gens partent beaucoup moins en vacances ou en week-end, passent plus de temps à la maison, en ville. La solidarité s'organise différemment. À l'origine, je partais dans une ville à la recherche de l'électeur FN, et puis je suis tombé sur des petites places où on joue à la pétanque en buvant des coups. On va chez les uns, chez les autres, il y une certaine harmonie malgré les difficultés du quotidien. Car il y a des choses assez dures, l'omniprésence de la voiture et la dépendance qu'elle crée, la télévision allumée constamment dans les foyers. Mais en définitive, je perçois que les observateurs n'observent plus, que nous sommes passés de l'analyse politique au jugement moral. Notre travail, pourtant, c'est bien de montrer ce que l'on voit. PROPOS RECUEILLIS PAR PP

DES VOTES ET DES BUTS. En décembre 2015, à Hénin-Beaumont, c'était jour de vote et jour de match.

L'APPEL EN FANFARE. Hayange (57), juin 2015. Célébration de l'appel du Général de Gaulle dans les rues de cette ville dirigée depuis peu par le FN.

L'ILLUSION NATIONALE, Valérie Igounet et Vincent Jarousseau, Les Arènes, 168 p., 22,90 €

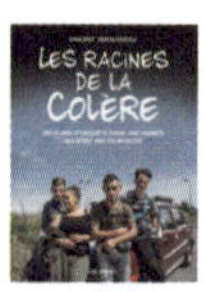

LES RACINES DE LA COLÈRE, Vincent Jarousseau, Les Arènes, 170 p., 22 €

LA FOI DONNE-T-ELLE UN REGARD DIFFÉRENT SUR LE MONDE ?

J'ai reçu une éducation catholique dans mon enfance. Au catéchisme, c'est surtout la dimension horizontale de la foi à laquelle j'étais sensible. Je me souviens des discussions que nous avions avec le prête au sein de notre petit groupe. Pour moi, vivre la foi, c'était d'abord servir les pauvres, me préoccuper de leur sort. Plus tard, je me suis détourné de la foi. Mais c'est avec la paternité que j'y suis revenu. Cela a commencé par la préparation au baptême de mon fils, puis une relation à la vie et un besoin de transcendance. Le monde tel qu'il évolue, avec son lot de catastrophes écologiques, de creusements des inégalités et de matérialisme outrancier n'est pas étranger à mon cheminement spirituel. Et puis, il y a le pape François qui me réconcilie avec l'Église. Dans mon travail, ma foi est un moteur important. Aller vers les autres, sans jugement, y compris des personnes dont vous ne partagez pas les idées, cela demande un certain sens de l'altérité. À Denain, je me suis lié d'amitié avec le père Joseph Nucchi. Cet homme incroyable a travaillé à l'usine pendant quinze ans avant de rentrer dans les ordres. Pendant les gilets jaunes, il s'est engagé sans compter dans le mouvement. J'ai raconté cette histoire dans un numéro de *Fakir*. Joseph est mort d'un cancer foudroyant en septembre dernier, mais ses paroles continuent à m'habiter. VINCENT JAROUSSEAU

Le barde de Saint-Roch

Clément Bénech est un écrivain « bicaméral ». Ce mot ne désigne pas une passion pour le système parlementaire français mais l'habitude qu'a pris l'écrivain de glisser des photographies dans ses romans. Il a théorisé cette curiosité dans un essai remarqué, *Une essentielle fragilité* (Plein jour). *Limite* lui a laissé carte blanche pour commenter une photo qui raconte les gens qu'il aime.

PAR CLÉMENT BÉNECH, ROMANCIER – PHOTO FLORENT BARBE

Ça a débuté comme ça, avec Florent dit Frôlant. Restons pas dedans, qu'il me dit. Sortons ! Il faut dire que le pays déconfinait. On voulait tout à la fois fêter les restaurants et courir dans les champs. Florent dit Frôlant n'avait pas voulu me rejoindre plus tôt en Auvergne, à cause de la règle des cent kilomètres et de son côté un peu carré (pas fan d'être en délicatesse avec les lois de son pays). Mais il a fini par me rejoindre, sans son chien pour la bonne raison qu'il n'en avait pas encore à l'époque. Je l'avais vu arriver au bout de la rue dans sa Dacia bordeaux et, en clin d'œil, il était installé dans le salon, avec sa doudoune sans manches, prévoyant déjà de repartir. Avec moi.

Florent dit Frôlant et moi, nous ne manquons pas de points communs. Le goût pour les mots, d'abord. Le goût pour Bordeaux, ensuite. La passion pour un certain barde auvergnat, enfin. Or l'idée nous était venue de lui consacrer un pèlerinage, quand nous serions tous les deux dans les parages. Dans ses parages à lui, le grand barde. Qu'on situait vaguement. Entre La Bourboule, le massif du Sancy et le lac de Servières, tout rond avec son eau oligotrophe. Où trouver ce grand absent de barde ? S'il était notoirement absent des tableaux télévisés depuis quelques années, peut-être le rencontrerions-nous sur les plateaux du Cézallier. À commencer par un drôle de studio d'enregistrement, au cœur de la sauvage nature : la fameuse chapelle Saint-Roch (Sain rock !) de Roche-Charles-la-Mayrand. Car il y avait enregistré, « en plein air » (c'était vite dit), un album *live*, l'année de ma naissance. Le bâtiment avait mille ans. On ne pouvait y accéder qu'au terme d'une marche d'une heure et demie, puisqu'il était perché, comme le disent les guides touristiques, sur un éperon rocheux. Mais Florent dit Frôlant avait les bonnes chaussures – toujours prêt.

Alors on a pris la route. L'entreprise était à mi-chemin entre Compostelle (sans les coquilles) et l'émission *La Carte au trésor*, où il faut courir et penser en même temps. On s'est garés à Boslabert, et puis on a marché. Florent dit Frôlant dictait la cadence et je le ralentissais, en prenant des photos ou en regardant tournoyer les milans royaux que je n'identifiais pas encore (ils ont la queue en décapsuleur, pour info). Et on progressait peu à peu dans l'océan vert, sans trop forcer d'abord. Le Puy-de-Dôme se découpait au loin, avec sa forme d'éléphant mangé par un serpent.

On s'était comme disent les jeunes ambiancés dans la voiture, en se repassant un ou deux albums du barde. Ici, nous n'avions plus de musique que celle de la nature. Le barde étant réputé introuvable, nous l'appelions entre nous le dahu. Pour nous, monter jusqu'à la chapelle Saint-Roch, c'était courir après le dahu. Au bout d'une heure et demie, après avoir crapahuté dans les champs, craignant vaguement l'apparition d'un furieux bovidé comme dans une bande dessinée, après avoir franchi maint escabeau en bois qui enjambait du barbelé, nous sommes arrivés au pied du chemin de croix. Ses quatorze stations, nous les prîmes d'abord pour des tombes, des cénotaphes (l'ignorance était seule en cause). Et nous gravîmes.

Pendant ce temps, je documentais la chose avec la fonction caméra de mon appareil-photo. C'est pourquoi je sollicitai, de la part de Florent dit Frôlant, qu'il fît quelques pas en arrière pour ouvrir une seconde fois la porte du cimetière ceignant la minuscule chapelle. Car il était allé plus vite que la musique, et il me fallait sur la bobine cette ouverture de porte hautement symbolique. La chapelle était là, minuscule, mais un peu fiérote quand même, comme un scarabée bousier. Nous y pénétrâmes après avoir marché entre les tombes ; elle était vide, comme de juste. Un blanc rayon X frappait le milieu de l'autel. Je chantai quelque chose pour éprouver l'espace, et pour le plaisir. Au fond de la nef se découpait une porte, ouverte elle aussi ; elle nous laissait nez-à-nez avec le vide, qui portait bien mal son nom car nous en prenions plein les mirettes. On était les Moïse du grand océan vert.

Là, en haut de notre falaise, nous avons essayé d'imaginer par quels moyens le groupe du grand barde auvergnat avait acheminé ses instruments. Hélicoptère ? Sherpas ? Coolies ? Avaient-ils filmé la session, avec force projecteurs ? Toutes les hypothèses étaient, et restent encore sur la table. Sans le savoir, peut-être (plus probablement en le sachant), ils s'étaient rendus semblables à ces processionnaires qui, à la mi-août, montaient et montent encore jusqu'à Saint-Roch honorer la vierge Marie. Avec Florent dit Frôlant, nous spéculions. Puis nous rentrâmes dans la chapelle pour y faire un tour d'autel. Il se trouvait dessus une copie double, lignée, et protégée par un plastique ; quelqu'un y avait écrit le nom des quatre titres interprétés là, vingt-neuf ans auparavant, par un certain barde auvergnat.

À regarder cette image, je ne vois pas un souvenir de notre bref séjour mais la silhouette fantomatique des fidèles qui y sont venus à travers les siècles pour honorer d'autres divinités que la mienne.

Voici l'une des photos prises par Florent dit Frôlant.
La chapelle Saint-Roch y est réduite à rien, ou presque. Étonnamment, à regarder cette image, je ne vois pas un souvenir de notre bref séjour mais la silhouette fantomatique des fidèles qui y sont venus à travers les siècles pour honorer d'autres divinités que la mienne. Un naturaliste y lirait peut-être une illustration éloquente des coulées de basalte du volcan cantalien. De même que, dans une simple poignée de mains, un épidémiologiste ne voit pas la même chose qu'un sociologue, qu'un anthropologue. Images fixes, projections multiples. Que de projecteurs !

DR

Corons de la Cité des oiseaux à Haillicourt (Pas-de-Calais).

Reportage

Les mineurs, avant-garde du mouvement ouvrier

Pendant 270 ans d'exploitation de charbon dans le Bassin minier du Nord et du Pas-de-Calais, les mineurs ont été aussi essentiels pour l'économie de la France que pour son patrimoine social ouvrier. *Limite* est allée à la rencontre des derniers témoins de ce monde souterrain.

TEXTE ET PHOTOS DE RENÉE LASSURE, PHOTO-JOURNALISTE

1948, Olivier Royez a dix ans. Poussé par son père, agrippé à son accordéon, le jeune garçon s'avance sur le balcon de la Maison du peuple de Lens dans le Pas-de-Calais, donnant sur la rue de Paris. « *Face à 100 000 mineurs grévistes qui se tenaient debout le poing levé, j'ai joué l'Internationale* » raconte fièrement l'interprète de cet hymne révolutionnaire. Une canne et quelques racines blanches sur une intemporelle coupe au bol trahissent les 82 ans d'Olivier. Installé dans le salon de sa maison picarde, l'ancien mineur se remémore ses origines lensoises et celles de son père, Arsène Royez, mineur lui aussi. « *C'était un communiste rouge vif*, sourit-il, *un ami de Maurice Thorez* » – le secrétaire général du Parti communiste français jusque 1964.

« *Petit, j'accompagnais mon père aux réunions de son comité. Il y avait des fusils cachés derrière les portes* », se souvient l'oiseau. Ancien résistant de la Seconde guerre mondiale, Arsène Royez était membre du syndicat CGT, majoritaire chez les mineurs. Dès la fin du XIXe siècle, les mineurs présentent la plus forte propension à la grève de tous les ouvriers français. Il faut comprendre les conditions de ce travail « épouvantable, [...] si étranger à notre expérience quotidienne » (George Orwell, *Le quai de Wigan*, 1937) pour saisir la dimension intrinsèque de son militantisme. Presque trois siècles durant, jusqu'en 1990, les mineurs de fond ont brisé la roche noire du Nord et du Pas-de-Calais, à des centaines de mètres sous terre.

La mort omniprésente

C'était souvent torse nu que les gueules noires travaillaient dans d'étroites galeries, pour supporter la quarantaine de degrés ambiants le long des veines de charbon. « *Au fond, il y avait de la bonne camaraderie entre ouvriers* »,

Le chevalement des fosses 11 et 11bis de Loos-en-Gohelle. Les terrils, les chevalements et d'autres éléments du Bassin ont été inscrits au patrimoine mondial de l'UNESCO en 2012.

Aimable et Edmond devant deux des chevalements de la fosse d'Arenberg où ils ont tous les deux trimé. Le site a été un lieu de tournage du film *Germinal* dans lequel ils furent figurants mineurs.

témoigne Olivier. Les éboulements sont fréquents. « *Un jour, sur un chantier d'abattage, j'ai entendu la roche gronder. J'ai voulu courir, mais avec le déplacement d'air provoqué par la chute de pierres, j'ai volé sur 20 mètres !* » Il rigole, avant de reprendre son sérieux. « *Sur le coup, c'était pas marrant* ».

Dans les entrailles de la mine, la mort est omniprésente. Les ouvriers s'éclairent par de longues lampes dont la taille de la flamme permet d'alerter de la présence du grisou, un gaz explosif souvent mortel. Une simple déflagration peut devenir dévastatrice si elle est alimentée par la poussière de charbon et se diffuse dans l'air, de galerie en galerie, carbonisant les êtres présents sur son chemin. Le 10 mars 1906, entre Courrières et Lens, une explosion souterraine fait 1 099 morts sur 110 kilomètres de galeries. Les recherches sont rapidement abandonnées pour étouffer l'incendie et préserver le gisement, mais vingt jours après la catastrophe, treize rescapés s'extirpent des profondeurs du puits de Billy-Montigny, vivants. S'ensuivent six semaines d'une grève historique, six sans augmentation de salaire et un engagement pour la cause ouvrière profondément ancré dans la culture des mines. Cet événement marque l'héroïsation de la figure du mineur, jusque là perçue comme martyr.

Dans les entrailles de la mine la mort est omniprésente. Les ouvriers s'éclairent par de longues lampes dont la taille de la flamme permet d'alerter de la présence du grisou, un gaz explosif souvent mortel.

Des mines à la musique

« *Nous étions miséreux*, raconte Olivier Royez, *mon père s'est beaucoup privé pour payer mes cours d'accordéon* ». Le weekend, l'enfant musicien accompagne son « *P'pa* » dans les bordels de Lens pour y jouer et gagner un peu d'argent. Une habituée de la fête le repère : « *Toi, tu as de l'or au bout des doigts* ». Mais à 14 ans, sans surprise, Olivier est embauché à la mine. Il travaille d'abord « au jour », en surface aux côtés des trieuses, dans la fosse 12 de Lens. Il sépare les gaillettes de charbon des autres cailloux qui finiront sur les terrils, montagnes anthracites caractéristiques du plat Bassin minier. « Les trieuses savaient *qu'il y avait des malheureux qui récup*éraient le charbon sur les terrils, alors elles faisaient *exprès d'en laisser avec les cailloux* ». Passé 15 ans, il est autorisé à travailler au fond, au marteau piqueur. Après cinq ans à respirer la poussière noire, Olivier quitte le Pas-de-Calais pour vivre de sa musique. Son père, resté dans les corons, mourra de la silicose, la maladie pulmonaire dont on estime qu'elle a fauché des dizaines de milliers de gueules noires en France.

« *Il était noir comme une gaillette* », raconte Edmond Pruzack, les yeux bleus perdus dans le vide, au souvenir d'un voisin mort « *silicosé* ». Plongé dans ses souvenirs de gamin des

La p'tite maison sur les terrils

corons, le gaillard de 73 ans raconte en avoir fait « *des cauchemars pendant des semaines* ». Plus tard, son petit frère aussi est mort de ce mal dit des poumons de pierre. « *On n'a pas tous la même expérience, mais moi je n'ai jamais voulu être mineur.* » Embauché en 1963 à 14 ans, il vient tout juste d'obtenir son certificat d'études. « Dès mon premier jour j'ai vu un mort dans le puits. En rentrant chez moi, j'ai pris conscience dans les yeux de ma mère *que je devenais un homme.* » Edmond a travaillé dans plusieurs fosses, il a passé au total 25 ans sous terre, jusqu'à la fermeture en 1989 de celle qui l'emploie, la fosse d'Arenberg dans le Nord.

S'il y a grève, tu fais grève

« Pour mes parents venus de Pologne, c'était le plus beau métier du monde ! » poursuit le ch'ti d'un accent patois. Un logement et du charbon gratuits fournis par les compagnies houillères, une ébauche de sécurité sociale, une retraite à 50 ans... Ces avantages sociaux incitaient les mineurs à garder leur métier et à le transmettre de père en fils. « *S'il y a grève, tu fais grève* », lui avait glissé celui d'Edmond, pour ne pas le compter parmi les « *jaunes* », les briseurs de grève. Les conseils des anciens étaient précieux. « *Garde ton t-shirt* » afin d'empêcher le charbon de s'immiscer dans les blessures et de tatouer la peau ; « *Remonte le courant d'air* » pour trouver la sortie des galeries ; « *Observe les souris* » qui fuient en cas de danger. « *Dans la cité, nous vivions en autarcie. Mon grand-père, mes oncles et mes frères étaient aussi mineurs.* » Edmond s'est marié avec « *une fille des corons* ».

Le mineur a longtemps passé son métier sous silence. Il était pourtant porion, c'est-à-dire contremaître, une bonne place pour un ouvrier. « *Le regard a changé*, maintenant, je me présente comme ancien mineur » affirme celui qui est devenu guide lors des visites de l'ancienne fosse d'Arenberg.

La voix rocailleuse d'Aimable Patin raconte qu'il a toujours été « *très fier* » de son métier. Aussi ancien porion et actuel guide, Aimable est né il y a 74 ans en face de la fosse d'Arenberg où ses parents se sont rencontrés, au fond de laquelle il a passé ses 27 ans de carrière. « Quand j'ai ramené ma première paye, mon père n'en a pas voulu ». Ce dernier avait quitté la mine « *dès qu'il a pu* ». Après avoir survécu aux deux guerres mondiales, il ne voulait pas voir son fils risquer sa vie. « À l'école, on ne parlait que d'un métier : celui de mineur. C'était mieux payé que de travailler dans l'usine du coin. Tout le monde était aspiré par la mine », justifie le moustachu, les mains dans les poches.

Olivier Royez, interprète *Tout in haut de ch'terril*, chant qui raconte les vacances d'un mineur sur son terril.

Aimable se souvient des revendications des Marocains, recrutés à la chaîne depuis le Sud du Maroc par le sergent français Felix Mora entre 1960 et 1980. Pour la prolongation de leurs courts contrats de travail, ou la reconnaissance de leur statut de mineur avec ses avantages – finalement obtenue en 1980. Ils constituaient une main d'œuvre étrangère censée accompagner la fin programmée des puits. « *Par solidarité, on a fait grève avec eux* », affirme Aimable. Les épiciers complices acceptaient les crédits. « *Mais il n'y avait rien de politique, on voulait simplement des droits...* » RL

DOSSIER

À QUI PROFITE LA CLIM ?

Pages dirigées par Amélie Pillet et Théo Moy

Alexandre Forget

Édito

Salut, ça gaze ?

Par Amélie Pillet
et Théo Moy

Une consultation des Nations Unies sur le changement climatique adressée à plus d'un million d'humains et publiée en janvier 2021 montre que 77 % des Français croient en l'urgence climatique et que 73 % d'entre eux pensent qu'il faudrait « faire tout ce qui est nécessaire et urgent » pour répondre à cette menace. En quelques années, des questionnements réservés à une poignée de militants et d'intellectuels ont infusé dans toute la société, et un réel consensus semble se dégager sur la question du réchauffement climatique.

Malgré cette prise de conscience, les mesures se font attendre. Après

Si la question climatique doit mobiliser, son instrumentalisation par des politiques ou industriels peu scrupuleux rappelle l'importance du projet d'écologie intégrale défendu par *Limite*.

avoir promis pendant la campagne électorale de 2017 qu'il ne fallait pas « des petites mesures mais de grands changements », Emmanuel Macron a déçu ceux qui avaient eu le malheur de croire dans ses promesses de pragmatisme écologique. La loi votée par sa majorité début mai ne comporte aucune mesure de rupture, en décalage complet avec les propositions courageuses de la Convention Citoyenne pour le Climat. En ménageant la chèvre et le chou pour sauver les intérêts économiques, tout en insistant sur la protection de l'environnement, à laquelle la population est de plus en plus sensible, les politiques déçoivent.

Si la question climatique infuse, portée sur la scène médiatique par une jeune génération vindicative, elle est aussi devenue le principal levier d'éco-blanchiment. Le système capitaliste a compris l'intérêt qu'il aurait à détourner la lutte. Dans l'agriculture, pour pallier au manque d'eau, une partie de la profession promeut le développement de zones de stockage, pour éviter de remettre en cause un système intensif qui montre ses limites. Comme si la technique pouvait affranchir de la sécheresse. De leur côté, de plus en plus d'industriels justifient des projets détruisant la biodiversité et maltraitant la terre et ses habitants par leur « bilan carbone neutre » et une prétendue réduction des gaz à effet de serre. Le journaliste scientifique Stéphane Foucart a récemment alerté dans *Le Monde* sur l'apparition d'un « biodiversité-scepticisme », y compris dans certains milieux scientifiques.

La question climatique, sa réalité criante, ses effets perceptibles dans chaque coin du monde et l'attitude des sociétés à son égard, c'est le large terrain d'investigation que la rédaction s'est fixée pour ce dossier. Si la question climatique doit mobiliser, son instrumentalisation par des politiques ou industriels peu scrupuleux rappelle l'importance du projet d'écologie intégrale défendu par *Limite*. Dans le vignoble chinonais et dans les pâtures du Limousin, sous un champ d'éoliennes, au sommet des glaciers et au milieu des océans ainsi qu'à la tribune de l'ONU, la réponse aux impératifs climatiques ne peut que s'accompagner d'une réflexion sur les autres déséquilibres écologiques, et sur les crises sociales qu'ils génèrent. Sans quoi, toute tentative de réponse serait vaine.

Hervé Le Treut

« Le climat des dix prochaines années est déjà écrit »

Hervé Le Treut est physicien et climatologue, spécialisé dans la modélisation climatique. Enseignant à la Sorbonne et à Polytechnique, il a participé pendant une vingtaine d'année aux rapports du GIEC et a fait partie du comité de suivi de la COP21. Un climatologue de terrain qui accompagne la Nouvelle Aquitaine dans sa transition écologique et qui, dès 2005, dans un livre coécrit avec Jean Marc Jancovici, abordait très concrètement la question des solutions comme la décroissance. Hervé Le Treut raconte à *Limite* cinquante années de découvertes scientifiques et d'une prise de conscience mondiale qui peine à se concrétiser.

PROPOS RECUEILLIS PAR AMÉLIE PILLET
ILLUSTRATIONS D'EMMA BERTIN

Qu'est-ce qui vous a amené à vous intéresser au climat ?

J'ai toujours été intéressé par les sciences de la terre. Vers la fin des années 1970, j'étudiais la physique à Normale Sup, et j'y ai rejoint un laboratoire qui venait de se créer où des chercheurs développaient les premiers modèles français d'étude du climat. Immédiatement, j'ai été fasciné. Je découvrais une discipline que j'ignorais, celle du « fonctionnement de la machine Terre ».

Quels étaient les enjeux climatiques dans les années 70 ?

Les enjeux à l'époque étaient différents, le contexte n'était pas celui du changement climatique. La discipline portait surtout sur des problématiques liées aux fluctuations naturelles du climat, on étudiait par exemple les grandes sécheresses au Sahel. La science du climat était très orientée autour des ressources : on abordait le climat pour comprendre les facteurs de vulnérabilité des différentes régions du monde. On cherchait, très concrètement, à comprendre comment nourrir la planète, lutter contre la pauvreté, et assurer le développement des différents pays.

Comment travaillait-on sur le climat à cette époque ?

Mon travail à mes débuts était de participer au développement des premiers modèles français de météorologie et de climat. Les ordinateurs étaient beaucoup moins puissants qu'aujourd'hui, mais ils étaient déjà capables d'améliorer les prévisions météorologiques, en visant des échéances à dix jours d'anticipation. Il a fallu adapter ces modèles pour traiter le problème du climat, en s'appuyant sur la révolution des satellites et une meilleure connaissance des océans.

Comment définissez-vous le climat ?

Le climat désigne un ensemble de conditions atmosphériques et météorologiques propres à la planète ou à une région, généralement calculées d'après les observations d'au moins trente ans. Il est caractérisé par des valeurs moyennes, ainsi que des variations et des extrêmes. À une échelle plus grande, je préfère parler du système climatique. C'est un ensemble complexe qui fait intervenir beaucoup d'éléments, principalement l'atmosphère et l'hydrosphère (les océans, les rivières), la biosphère (ou le vivant), la cryosphère (la glace) ou encore la lithosphère (la « croûte » terrestre).

Sur un temps très long, le climat connaît depuis toujours des évolutions naturelles, sous l'effet de ses propres contraintes externes comme les cycles solaires, ou sous l'effet de dynamiques internes, par exemple la rotation de la Terre sur elle-même, ou des mouvements en partie aléatoires : des ondes, des moussons. Mais il existe désormais aussi des contraintes dont l'homme est responsable, comme les émissions de gaz à effet de serre ou la déforestation. Elles modifient de manière toujours plus forte le climat.

À quel moment a-t-on commencé à parler du réchauffement climatique ?

Les premiers pronostics marquants concernant le réchauffement climatique dans la communauté sont arrivés au milieu des années 1950. Roger Revelle et Hans Suess, professeurs à l'Université de Californie, ont montré que si les émissions de gaz à effet de serre (GES) augmentaient, elles risquaient de se stocker durablement dans l'atmosphère. Le corollaire affirmant que ce stockage pourrait créer un réchauffement fait l'objet en 1979 d'un rapport de l'Académie nationale des sciences américaines coordonné par un professeur très respecté, Jule Charney du MIT. Le rapport montre que si l'émission de CO2 dans l'atmosphère doublait, un réchauffement de 1,5 à 4,5°C en découlerait, un constat qui a été vérifié au fil des années, et a provoqué une prise de conscience très rapide, conduisant à la création d'un Programme Mondial de recherche sur le climat dès 1980.

Quel est le lien entre ces émissions de gaz à effet de serre et le réchauffement climatique ?

Depuis les dernières glaciations, la température terrestre a longtemps été relativement stable. Seulement, depuis la période industrielle, on assiste à une rupture d'équilibre : la part de variabilité liée aux activités humaines augmente, via l'augmentation des gaz à effet de serre. Naturellement le soleil chauffe l'atmosphère et la planète se défend, s'équilibre, en émettant des rayons infrarouges. Mais les GES empêchent l'émission de ces rayonnements hors de l'atmosphère, et donc la planète de se refroidir.

Lexique

Gaz à effet de serre : composants gazeux qui absorbent le rayonnement infrarouge émis par la surface terrestre. Les principaux GES sont présents naturellement dans l'atmosphère (vapeur d'eau, dioxyde de carbone, méthane) auxquels s'ajoutent les gaz à effet de serre industriels. Les activités humaines génèrent un surplus artificiel de concentration de gaz dans l'atmosphère.

Modèle climatique : représentation numérique de la planète et des interactions entre ses différents réservoirs qui modulent le climat : l'atmosphère, l'océan et les surfaces continentales.

Quelles sont les conséquences observables ?

Ce mécanisme a des conséquences très directes, par exemple la fonte des glaces maritimes ou des glaciers continentaux dans les hautes latitudes, qui provoque aussi, via la dilatation des océans, et l'apport d'eau des glaciers, un relèvement du niveau de la mer. Mais le réchauffement affecte aussi de manière plus indirecte le vivant. Les niches écologiques, terrestres, aquatiques ou marines et les aires de répartition des espèces se modifient, en particulier dans les zones de montagne. En Europe, les chênes verts migrent très vite et rejoignent des latitudes plus hautes. Sur les zones côtières, on retrouve de plus en plus d'espèces animales qui viennent des régions tropicales. Ces déplacements engendrent une transformation des milieux, et parfois la disparition de certaines espèces, inaptes à vivre dans un contexte thermique différent.

Et pour les humains, ces conséquences sont aussi visibles ?

Lorsqu'on commence à regarder comment l'évolution du climat affecte le cycle de l'eau, le vivant, l'agriculture, les conséquences sont souvent plus indirectes, plus difficiles à cerner et à expliquer. Les épisodes extrêmes : inondations, sécheresse, tempêtes, ouragans sont globalement liés au réchauffement climatique. Il s'agit très souvent d'événements connus, mais qui se présentent de manière inattendue, plus répétitive ou plus intense qu'auparavant par exemple. Ainsi il est plus juste de parler de dérèglement climatique – un dérèglement porteur de risques que l'on doit prendre au sérieux et que l'on peut anticiper.

Comment les travaux scientifiques sont-ils reçus auprès des États et des citoyens ?

Le premier diagnostic scientifique a été très largement accepté, dès les années 1980. Certains souhaitaient dès cette époque prendre des mesures concrètes de réduction des émissions de GES. C'est dans ce contexte où le climat s'impose comme une problématique mondiale et politique que le GIEC (Groupement Intergouvernemental d'Experts sur le Climat) voit le jour, comme outil de médiation au service des États, en 1988 et conduira à l'organisation du Sommet de la Terre de Rio en 1992 d'où naitra la Convention Cadre des Nations Unies sur le changement climatique.

Quand on regarde tout cela rétrospectivement, on voit que les choses n'ont pas bien évolué. Malgré cette prise de conscience extrêmement rapide depuis la fin des années 1970 jusqu'au

sommet de Rio, qui a réellement mis en route toute la machinerie permettant en principe de prendre des décisions collectives, on se rend compte que la machine se grippe très vite. Il faut autre chose qu'une prise de conscience pour répondre aux enjeux de lutte contre les évolutions dangereuses du climat. Et là, ça coince. En grande partie à cause de désaccords entre les États.

Cette prise de conscience vous semble-t-elle partagée dans l'opinion publique ?

Aujourd'hui, les sondages le montrent, peu de gens osent dire qu'il n'y a pas de réchauffement climatique. On observe cependant un scepticisme nouveau qui a plutôt trait à ce que ce réchauffement implique. Qu'est-ce que cela veut dire ? Est-ce réellement lié aux activités humaines ? Les formes de relativisme qui se développent actuellement sont aussi néfastes que le « climatosceptisime » lui-même car elles remettent en cause le type d'action à mener et surtout empêchent leur mise en œuvre.

Vous intervenez souvent dans les médias, ils ont une responsabilité dans ce relativisme ?

Cela dépend des médias ! Mais je suis frappé par le fait que l'on consacre autant de temps à la réalité et la véracité du phénomène, ou à l'alerte, et finalement aussi peu aux solutions. Après tant d'années de débats on constate que les enjeux concrets ne sont pas bien compris, et que les solutions qui sont devant nous peinent à être débattues, alors qu'elles sont rendues toujours plus difficiles parce que l'accumulation des gaz à effet de serre réduit sans cesse le domaine de ce qui est possible. C'est navrant.

Dans ce contexte, quel est selon vous le rôle du climatologue ?

Notre rôle est avant tout de faire de la science. Ensuite nous devons être capable de participer à la médiation qui va avec, à savoir d'accompagner les décideurs et les citoyens. C'est chaque fois plus difficile : les scénarios du GIEC pour rester sous les 1,5 degrés de réchauffement sont très difficiles à imaginer comme réellement tenables, surtout dans un contexte international. Il est nécessaire d'avoir ces repères qui nous disent la direction que l'on doit prendre. Cependant, si ces objectifs ne peuvent pas être atteints, c'est déstabilisant pour tout le monde, voire dangereux. Une réflexion à ce niveau est nécessaire.

« Après tant d'années de débats on constate que les enjeux concrets ne sont pas bien compris, et que les solutions qui sont devant nous peinent à être débattues, alors qu'elles sont rendues toujours plus difficiles parce que l'accumulation des gaz à effet de serre réduit sans cesse le domaine de ce qui est possible. »

Hervé Le Treut

Alors comment agissez-vous, concrètement ?

Je participe depuis plus de dix ans avec la région Nouvelle-Aquitaine, au projet Acclimaterra, qui vise à définir la stratégie d'adaptation au changement climatique de la région. Avec plus de 400 chercheurs, nous avons participé au diagnostic. La priorité est maintenant de s'attaquer aux projets aux échéances plus lointaines, si on veut vraiment créer des infrastructures, des filières nouvelles ou des mouvements de retrait sur les zones littorales submersibles. Ces projets prennent du temps et iront au-delà d'une décennie, il faut donc commencer le travail tout de suite.

Si vous deviez nous laisser un mot quel serait-il ?

Je soulignerais l'urgence d'agir. Le climat des dix prochaines années est déjà écrit par les gaz à effet de serre émis. Quelles que soient nos actions, il y un acquis déjà écrit dans l'air... Il faut donc se dépêcher. PROPOS RECUEILLIS PAR AP

Reportage

Théotime attend la pluie

L'épisode de gel du mois d'avril a durement atteint les vignobles français. Jeune vigneron de Chinon, Théotime sait qu'il ne fera pas du vin demain comme on en faisait hier. Par choix mais également par la nécessité de s'adapter à une nouvelle donne climatique.

TEXTE ET PHOTOS DE BRIEUC HAVY

Théotime est inquiet. Nous sommes le 30 avril, et pas une goutte n'est tombée sur la Touraine depuis un mois et demi. Au pied des vignes, la terre est sèche et légèrement chaude. Perché en haut de son coteau, les poings sur les hanches, il scrute la vallée qui s'étend devant lui. « *C'est pire en plaine, le sable des alluvions de la Loire ne retient pas l'eau et les vignes souffrent davantage* ».

La fourgonnette de Théotime serpente sur les chemins de pierres et grimpe les coteaux à vive allure. Le jeune homme de 25 ans est pressé de montrer le travail de titan qu'il exerce sur ses parcelles de Chinon. « *On dit qu'il ne faut pas plus de 6 hectares pour un homme seul. J'en gère 8 aujourd'hui* ».

Arrivé il y a trois ans, Théotime est co-gérant d'un domaine lancé par deux frères dans les années 1980. Proches de la retraite, ils laissent le jeune homme prendre ses responsabilités. Il assume désormais seul la gérance d'une partie du vignoble et des ouvriers agricoles qui vont avec. Le passage de témoin tourne parfois au saut d'obstacles. Dans le regard de Théotime, se dessine l'impatience de l'ambitieux. Sans vraiment demander l'avis de son propriétaire, il a commencé à passer certaines de ses parcelles en bio. D'ici deux ans et demi, ses premières bouteilles de vin biologique seront débouchées.

« *Ce n'est pas parce que c'est bio que c'est bon pour la vigne. Certains produits chimiques sont moins néfastes pour la terre que beaucoup d'insecticides naturels.* ». Théotime porte sur le bio un regard dépassionné. Le passage au bio doit avant tout lui permettre de franchir un palier qualitatif. Mais il entend aussi garder un sol vivant, riche en biodiversité, loin des « *terrains de golf* » de certains de ces collègues. Théotime ne peut pas supporter de voir le sol nu et sec des vignes traitées au glyphosate. Pour désherber, il a ressorti une vielle machine qui prenait la poussière au fond d'un hangar.

Face au gel, le pire a été évité

La vague de froid du mois d'avril a plutôt épargné ses vignes. Perchées sur les coteaux, elles ont mieux résisté qu'en plaine où les masses d'air froid stagnent plus facilement. Là, il a fallu déployer les grands moyens pour se protéger du gel : les chaufferettes, les ventilateurs et surtout l'aspersion. Les vignes sont arrosées d'eau pour qu'une fine couche de glace vienne enrober les bourgeons et les maintenir à zéro degré.

Théotime avait anticipé la vague de froid en coupant plus long qu'en temps normal les baguettes, ces petites branches qui portent les bourgeons. « *Il a gelé assez tôt dans la saison. La vigne a encore le temps de repartir. Heureusement, le bourgeon secondaire n'était pas encore sorti au moment du gel* ». Plus inquiétant, les jeunes pousses plantées l'année dernière ont toutes été brûlées. S'il faut attendre les vendanges pour connaitre l'étendue réelle des dégâts, le jeune vigneron table sur 15 % de pertes. Il s'estime chanceux. Lors du dernier épisode de gel il y a deux ans, 50 % de la récolte s'était envolé.

Le réchauffement climatique, une réalité au quotidien

La terre de la vallée de la Loire regorge de fossiles, signe des océans qui recouvraient ces terres il y a des millions d'années. Théotime exhibe

avec fierté ses plus belles éponges qu'il garde avec lui précieusement. Le climat a toujours changé, seulement aujourd'hui, tout s'accélère. « *Ici, le réchauffement commence à se voir nettement à partir du début des années 2000* ».

Perçant, son regard se teinte d'une gravité qui ne fait pas son âge quand il aborde la question du réchauffement climatique, l'autre grand sujet qui l'habite. Durant ses études, il a mené un travail de recherche sur l'évolution de la température et de l'hydrométrie entre 1960 et 2015 dans le Val de Loire. Le thermomètre a grimpé d'1,2 degré par rapport au début du XXe siècle. Les vendanges sont de plus en plus précoces. « *Les bans de vendange sont aujourd'hui publiés 8 jours plus tôt que dans les années 1980* ». Sur l'indice Huglin, référence pour étudier la température des vignobles, la région est passée de zone froide à tempérée. Ce réchauffement global explique aussi la catastrophe d'avril. « *La vague de froid n'a pas été si intense mais les semaines qui l'ont précédée ont été très douces. Dès le mois de février, la chaleur réveille la vigne, qui devient plus vulnérable aux épisodes de froid du printemps* ».

« La vague de froid n'a pas été si intense mais les semaines qui l'ont précédée ont été très douces. Dès le mois de février, la chaleur réveille la vigne, qui devient plus vulnérable aux épisodes de froid du printemps ».
Théotime

Le réchauffement est aussi une aubaine pour les vins de Loire. La hausse de la température augmente leur teneur en sucre et leur concentration d'alcool. « *On ne retrouve plus le goût de fruit vert qui pouvait être caractéristique des vins d'ici. Les goûts sont aujourd'hui plus mûrs, plus proche du cassis. On fait du meilleur vin qu'avant* ». Mais la chaleur rend aussi le travail du vigneron plus délicat. Le début de la récolte dépend d'un savant équilibre entre l'acidité du vin et sa maturité phénolique, c'est-à-dire sa couleur, ses tanins. Avec le réchauffement, cet équilibre est de plus en plus précaire. « *Ici, la tradition est de vendanger le cabernet-franc le plus tard possible. Si on ne change pas les habitudes, on court de risque de vendanger trop tard* ».

La vigne a soif

Si les niveaux de pluviométrie dans la région ne changent pas, leur répartition évolue. La pluie se concentre en avril et mai et baisse durant l'été. « *La vigne a beau être une*

La terre est moins fertile quand la vigne est traitée par des produits chimiques.

plante résistante à la sécheresse, les feuilles tombent et le raisin flétrit sous l'effet de la chaleur ». Certains de ses collègues sont tentés par l'irrigation, comme dans les vignobles du sud. Théotime ne s'y résout pas. « *Je ne me vois pas arroser mes vignes quand certains villages ici n'ont même plus d'eau en été.* »

Alors, Théotime cherche des alternatives. Il plante au-dessus de ses jeunes vignes « *un couvercle végétal* ». Composé de céréales et de légumineuses, ce couvercle favorise l'humidité des sols. Il permet l'accumulation de matière organique et limite l'évaporation de l'eau.

Théotime est également tenté par l'agroforesterie, cette technique agricole qui consiste à associer cultures et arbres. Une de ses parcelles, entourée de bois, a mieux résisté que les autres au gel. « *Les arbres sont comme des chaufferettes naturelles, ils maintiennent la température environnante au-dessus de zéro degré* ».

« Repasser la pioche, s'abîmer le corps »

Comme beaucoup de viticulteurs de sa génération, Théotime a fait de longues études. Paradoxalement, son approche du métier est plus scientifique que celle de ses aînés mais les méthodes plus traditionnelles. « *Je comprends que mes patrons regardent le bio avec méfiance. Faire du bio, c'est aussi repasser la pioche, s'abîmer le corps. Je comprends mon propriétaire quand il me dit qu'il n'a pas envie de refaire faire à ses employés ce qu'il a pu arrêter il y a trente ans.* »

Comme beaucoup de viticulteurs de sa génération, Théotime a fait de longues études. Paradoxalement, son approche du métier est plus scientifique que celle de ses aînés mais les méthodes plus traditionnelles.

Voilà justement ces ouvriers qui arrivent sur le coteau pour poser des fils autour des jeunes plants. « *La vigne est une liane qu'il faut savoir contenir pour qu'elle grandisse* ». Patron à 25 ans, après un bac + 5, Théotime mesure le fossé qui l'éloigne parfois du milieu du vin, de la modestie de ses travailleurs. La communication ne va pas de soi. Mais Théotime sait ce qu'il leur doit, « *je suis avant tout au service de mes ouvriers, sans eux je ne peux plus rien* », et s'imagine peut-être comme un de ces fils indispensables qui enserrent la vigne.

Dans la salle à manger où il nous reçoit, l'Évangile selon saint Jean s'affiche discrètement sur un mur : « *Et l'eau que je lui donnerai deviendra une source d'eau jaillissant pour la vie éternelle* » (4 :14). En sortant de la cave où Théotime vinifie ses premières cuvées, quelques gouttes tièdes à l'odeur estivale se font sentir. BH

Le climat par la bande

Entre récit au long cours et précieux témoignages, Étienne Lécroart et Ivar Ekeland décrivent dans *Urgence climatique* l'avènement du réchauffement climatique et les initiatives pour le résoudre. Un album d'une grande précision et teinté d'humour.

PAR MARGUERITE ARCHAMBAULT

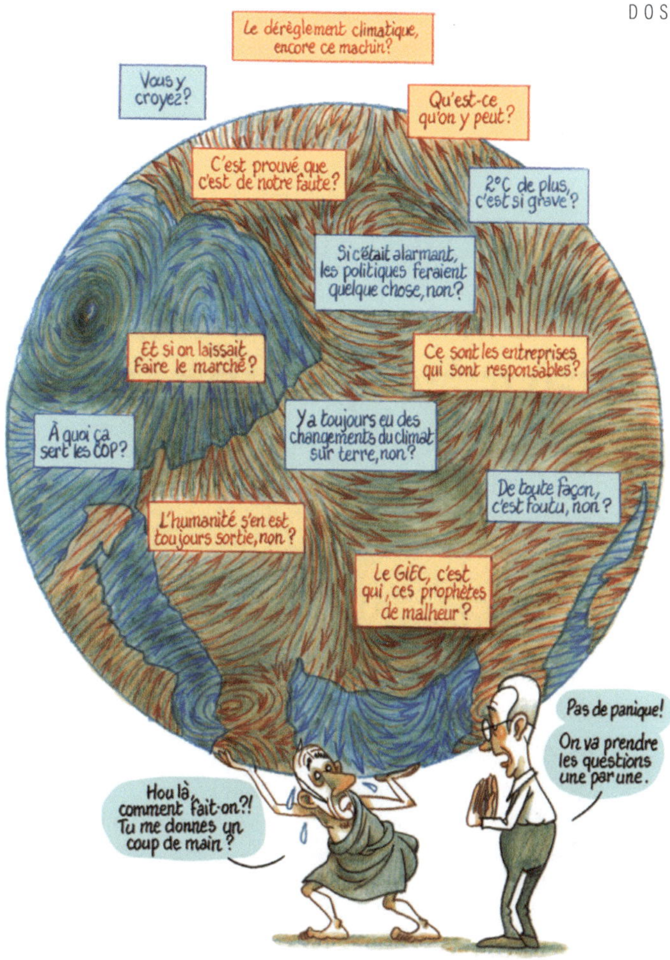

Étienne Lécroart – Casterman

Ce n'est jamais le moment pour parler réchauffement climatique : à table chez des amis, en plantant votre fourchette dans un gigot fumant, c'est déplacé. Au bureau on vous rétorquera que la crise du Covid-19 est bien plus grave. Chez vous, on vous demandera si vous avez plutôt pensé à rapporter du pain sans gluten. Bref, voici une urgence à laquelle on grille allègrement la priorité.

Pour réintroduire cette urgence, Étienne Lécroart, dessinateur et membre de l'Oulipo (Ouvroir de Littérature Potentielle) et de l'OuBaPo (Ouvroir de Bande Dessinée Potentielle), et Ivar Ekeland, mathématicien, économiste et philosophe, ont uni leur talent dans une passionnante bande dessinée. Au-delà du titre volontairement alarmiste, *Urgence climatique* est aussi un message d'espoir annoncé par le sous-titre : « il est encore temps ». Loin de toute perspective nihiliste, Étienne Lécroart et Ivar Ekeland rendent hommage à la prodigieuse créativité humaine pour agir, dont ils font preuve avec un grand souci pédagogique, en accompagnant le lecteur au fil des pages.

En deux parties foisonnantes, les auteurs font se succéder scientifiques et penseurs, toujours spécialistes de la question abordée, pour raconter cette urgence. Au rappel détaillé de l'enjeu climatique, salvateur tant on se sent parfois noyé sous les informations, entre vidéos simplistes et articles académiques interminables, succède l'histoire climatique de l'humanité. Cette deuxième partie nous permet de comprendre comment, pas à pas, nous en sommes arrivés là.

Loin de toute perspective nihiliste, Lécroart & Ekeland rendent hommage à la prodigieuse créativité humaine pour agir.

Les images de Étienne Lécroart sont souvent belles, comme la couette qui représente les gaz à effet de serre, mais toujours claires : elles ne cachent pas le caractère dramatique de la situation. Alors que la succession de constats glaçants nous fait suffoquer, les auteurs amènent avec finesse les témoignages de personnes impliquées dans la réponse à cette urgence, comme celui de cet exploitant bio, ou ces politiques qui, comme la députée américaine Alexandria Ocasio-Cortez, sur un petit coin de planète, agissent dans le bon sens.

Quand l'espoir renaît, incarné par la jeune Asha qui accompagne Étienne Lécroart et Ivar Ekeland sur leur chemin, les couleurs reviennent illuminer l'album qui se termine sur l'image d'Icare : quand apprendrons-nous de nos erreurs ? Il est temps de retrousser nos manches.

URGENCE CLIMATIQUE, Étienne Lécroart et Ivar Ekeland, Casterman, 120 p., 19 €

Un paysan témoigne
« On ne sait pas ce qu'on va faucher, c'est un peu inquiétant »

Philippe est éleveur à Saint-Genest-sur-Roselle, au sud de Limoges. Avec son frère, ils gèrent l'exploitation familiale, ses vaches à viande, ses moutons, et son verger de pommiers. Ce type de ferme, associant élevage et culture herbagère destinée au bétail, est majoritaire dans le Limousin, connu pour son climat favorable au développement d'une belle herbe verte dont raffolent les ruminants. Enfin, c'est ce pour quoi le Limousin était connu. Cette année, « ça déconne encore ».

PROPOS RECUEILLIS PAR AMÉLIE PILLET – ILLUSTRATION DE CHARLOTTE GUITARD

« Le climat est en train de changer et ce n'est pas une surprise. Le Limousin est une région historiquement verte avec une pluviométrie importante. Mais depuis quelques années, les précipitations sont irrégulières. On est début mai, on vient d'essuyer deux mois sans eau et là on repart sur une période pluvieuse et froide. Résultat, l'herbe ne pousse pas, et les conséquences sont immédiates sur la récolte du fourrage et les stocks à faire pour nourrir les animaux cet hiver. Et ce n'est pas tout, ces fourrages de moins bonne qualité ont des répercussions sur la santé des animaux et sur leur fertilité.

La baisse des précipitations et l'inexistence de nappes phréatiques dans la région nous privent du nécessaire pour abreuver les animaux. On est obligés de trouver des alternatives pour donner à boire au bétail : récupération d'eau de pluie, canalisation des sources souterraines, création de forage, aménagement de berges ou de points de breuvage. Sur ma ferme, l'insuffisance de la source d'eau souterraine entrainait rapidement un manque d'eau l'été. J'ai recréé un dispositif de stockage à partir de vieilles sources, en appui au puits de ma ferme. J'ai rénové des tuyaux – installés par les grands parents autour de ces sources – pour canaliser l'eau vers une cuve enterrée de 7 500 litres et abreuver mes bêtes. Le trop-plein de la cuve va directement dans le cours d'eau naturel au fond de mon jardin par un système de canalisation. J'ai eu l'autorisation pour faire ces travaux car c'était une installation existante, l'impact sur le réseau hydrique est faible et l'eau ne peut pas s'évaporer puisqu'elle circule sous terre.

Dénicher des espèces résistantes

Ajouté à cela, les fortes températures compliquent l'alimentation du bétail. La période de croissance de l'herbe tend à se raccourcir, passant de 5 mois (mars à juillet) à 2 mois, avec un gros trou l'été en raison des fortes chaleurs. Elle ne peut croître au-delà de 22-24°C. Pour pallier cette situation, les éleveurs doivent essayer de produire le plus vite possible le fourrage au printemps et cultiver des espèces qui résistent, ce qui est un sacré défi. Une partie de la population agricole considère que pour faire face à la sécheresse il faut créer des dispositifs pour irriguer l'herbe plutôt que d'adapter les pratiques. S'il faut se mettre à irriguer des prairies pour avoir du fourrage, cela devient un non-sens ! Je préfère privilégier les pratiques respectant le cycle de l'eau : planter des espèces adaptées, diminuer le nombre d'animaux par hectare.

Ces changements climatiques représentent des coûts pour la profession : une baisse de revenus et de rentabilité et l'arrivée de nouvelles charges si l'on décide de changer les cultures. À l'heure de la remise en cause de l'élevage par de nombreuses figures médiatiques, le constat est sombre pour les paysans, touchés aussi par un vieillissement important. Il faut qu'on envisage de faire de l'élevage de manière différente. Je suis plutôt du genre optimiste mais les aléas climatiques suc-

cessifs deviennent assez difficiles à encaisser, on ne sait plus trop quoi mettre en œuvre pour essayer d'assurer notre activité. On ne sait pas ce qu'on va faucher, c'est un peu inquiétant.

Cette situation ouvre la voie au développement de nouveaux modèles agricoles comme la méthanisation, la production de biogaz à partir de la décomposition des végétaux, qui ne sont bons ni pour la profession, ni pour le climat. La destination énergétique des terres se substitue à une destination alimentaire. Demain, nous produirons de l'énergie ici, pour acheter de la bouffe ailleurs. C'est une grosse connerie ! Ce sont des installations industrielles de très grande taille qui se regroupent pour cultiver des tonnes d'hectares, pour alimenter une machine à produire de l'énergie. Le souci ce n'est pas la technique. Le souci se sont ces entreprises, qui vont se faire du pognon sur le dos de l'agriculture, pendant que nous importerons notre viande du Brésil ! »

La loi climat passe en conseil de classe

Un vote et des notes

Voté en première lecture début mai à l'Assemblée Nationale, le texte de la « loi climat » doit faire des allers-retours cet été entre les deux chambres parlementaires, pour être adopté avant septembre. Pour éclairer ses lecteurs, *Limite* a sélectionné, décrypté et noté sept mesures emblématiques d'une loi promise comme un « tournant » dans la politique environnementale de la France. Si les propositions de la Convention citoyenne pour le climat étaient à la hauteur de cette promesse, le texte actuel en est bien éloigné. C'est l'heure de la remise des bulletins.

PAR BRIEUC HAVY ET THÉO MOY
ILLUSTRATIONS DE VICTOR CARPENTIER

« INTERDICTION DE LA PUBLICITÉ SUR LES ÉNERGIES FOSSILES »

2/10 Trop peu de produits concernés.

La Convention citoyenne sur le climat prévoyait une interdiction générale de la publicité sur les produits polluants. Seule la publicité directe pour les énergies fossiles, charbon, pétrole et gaz, est finalement concernée. Les SUV et autres machines à polluer ne sont donc pas couvertes. Une mesure inutile : la publicité pour les énergies fossiles est rarissime, à l'inverse de celle pour les machines qui les consomment.

Le projet de loi prévoit tout de même un CO2-score présentant les caractéristiques environnementales de chaque produit. Mais il faudra attendre une demi-décennie pour voir le décret qui en précise le contour être publié... D'ici là, on aura eu le temps d'assister au développement du tourisme spatial et des *flyboard* pour aller au bureau.

« INTERDICTION DES VOLS INTERNES S'IL EXISTE UNE ALTERNATIVE DE MOINS DE 2 H 30 EN TRAIN »

5/10 Les Parisiens pourront continuer à aller à Marseille en avion.

Les 150 citoyens de la Convention pour le climat avaient proposé une interdiction des vols intérieurs si une alternative en train de moins de 4 h existe. Une proposition qui aurait permis de réduire de façon importante les émissions de gaz à effet de serre d'un secteur démesurément pollueur, sans embêter grand monde. Mais c'était sans compter les cris d'orfraie d'un secteur qui pratique mieux qu'un autre le chantage à l'emploi et dont les promesses d'un avion vert ne convainquent que les politiques complices.

Poussé par le lobby de l'aérien, députés sympathisants et Medef en tête de cortège, le gouvernement n'a finalement retenu que l'existence d'une alternative en train de moins de 2 h 30, sans correspondance, pour interdire les vols intérieurs. Le Paris-Marseille est ainsi « sauvé », alors que le trajet est réalisable en 3 h 30 en TGV, soit en gros le même temps qu'en avion si l'on ajoute à l'heure et quinze minutes de vol le temps de la liaison entre aéroports et centres-villes... Seules cinq liaisons dont Paris-Lyon, Paris-Bordeaux et Paris-Nantes sont finalement concernées par l'interdiction. On se demande bien qui a pu avoir l'idée de prendre un jour l'avion pour rallier ces destinations...

Point positif, l'interdiction, minuscule mais concrète, en appellera d'autres, par des gouvernements moins courbés devant des industriels à la communication bien huilée et aux multiples relais. Si la mesure est ainsi réduite à un simple symbole, ce symbole reste bon à prendre. Pastis pour tout le monde !

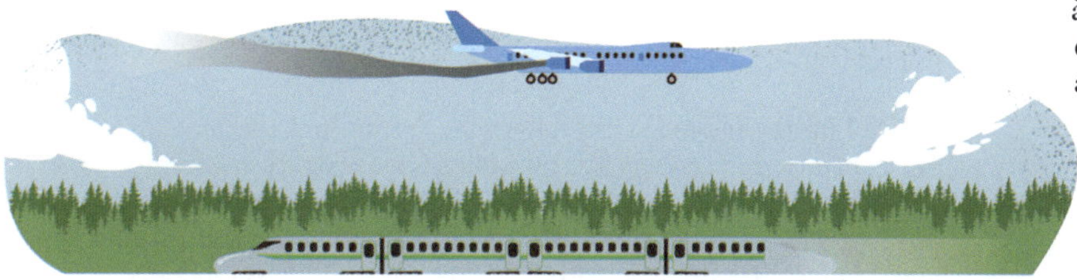

« DES PIÈCES DE RECHANGE PENDANT CINQ ANS POUR LES VÉLOS ET TONDEUSES »

8/10 Une belle idée à étendre !

Toutes les lois devraient comprendre un « amendement bicyclette ». La loi climat prévoit sous ce doux nom de contraindre les fabricants de vélos, de tondeuses à gazon et de quelques autres engins de jardinage à fournir des pièces de rechange pendant cinq ans après la fin de la commercialisation de ces produits. Une initiative essentielle à l'heure des produits jetables et de piètre qualité, dont les pièces de rechange n'existent souvent pas.

Mais cet article concerne des machines déjà réparables et régulièrement réparées. Si la loi va renforcer cette « réparabilité » pour des périodes de 5 ans au minimum, elle doit surtout inspirer les prochains législateurs à s'attaquer aux secteurs les plus réticents. La majorité qui arrivera à contraindre Apple et consorts à rendre réparables, donc dévissables, leurs machines aujourd'hui intégralement soudées, deviendra un ami pour toujours des bicyclettes et de leurs adeptes.

« MOINS DE PUBLICITÉ EN VILLE »

3/10 L'augmentation du pouvoir des maires fait l'affaire des annonceurs et des commerçants.

L'interdiction du dépôt de publicité dans les boîtes aux lettres était une des mesures proposées par la Convention citoyenne sur le climat. L'interdiction générale s'est transformée en une expérimentation de trente-six mois dans les collectivités locales volontaires...

Concernant la réglementation de l'affichage de publicité en ville, la Convention citoyenne proposait l'interdiction générale des espaces publicitaires numériques dans l'espace public. À la place, les pouvoirs du maire sont élargis. Ils pourront davantage encadrer le développement des écrans animés dans les vitrines ou sur les panneaux. Jusque-là, le pouvoir de police en matière d'affichage extérieur relevait du préfet. Confier à des maires une telle responsabilité alors même qu'ils cherchent à favoriser l'attractivité commerciale et économique de leur commune, c'est s'assurer qu'aucune mesure radicale ne sera prise. Pire, les associations environnementales y voient déjà une aubaine pour les annonceurs...

« MORATOIRE SUR LES ZONES COMMERCIALES »

4/10 Amazon peut continuer à construire des entrepôts et détruire des emplois.

La mesure avait été proposée par la Convention citoyenne sur le climat et le Président de la République s'y était montré favorable. Le projet de loi porte un principe général d'interdiction de création de nouvelles surfaces commerciales entrainant une artificialisation des sols. Premier bémol, cette interdiction n'entrera en vigueur qu'à partir du 1er janvier 2024. Des dérogations sont également prévues pour les surfaces de vente inférieure à 10 000 m2. Or, la moyenne des surfaces commerciales est de 2 000 m2 : 80 % des projets seraient ainsi concernés par ces dérogations selon le réseau Action Climat !

Plus inquiétant, l'interdiction vise les surfaces commerciales mais pas les entrepôts logistiques, dont ceux du e-commerce. La législation sur l'implantation des entrepôts a même été assouplie à la suite de la catastrophe de Lubrizol et des incitations fiscales à l'installation d'entrepôts ont été ajoutés dans la loi de finances 2021. Au-delà des considérations écologiques, la multiplication des entrepôts du e-commerce a des conséquences directes sur l'emploi. Les études montrent que le e-commerce détruit 2 à 3 fois plus d'emplois qu'il n'en crée et les Américains parlent déjà de *« retail apocalypse »* pour désigner les quelques 270 000 emplois noyés par le raz-de-marée du commerce en ligne.

« INTRODUCTION D'UN DÉLIT D'ÉCOCIDE »

6/10 Un délit bienvenu mais difficile à caractériser.

Le délit d'écocide introduit dans la loi prévoit jusqu'à dix ans de prison et 4,5 millions d'euros d'amende pour des « atteintes graves et durables à l'environnement ». La Convention citoyenne pour le climat était plus ambitieuse et prévoyait la création d'un « crime d'écocide ». Le crime d'écocide est un sujet qui divise les spécialistes du droit international depuis des décennies. L'introduction d'un crime d'écocide dans le droit français soulève plusieurs difficultés. Tout d'abord, l'écocide ne connait pas de frontière et nécessiterait donc des mécanismes de police et judiciaires à l'échelle internationale. Un crime est jugé en cour d'assises par des jurés populaires alors même que l'écocide relève de considérations techniques et scientifiques.

Avec ce délit d'écocide, les sanctions pénales en cas de pollution des eaux, de l'air et des sols sont renforcées. Plus inquiétant, elles sont restreintes au caractère intentionnel de la pollution ainsi qu'à des dommages de plus de dix ans sur l'environnement. Autant de conditions qui vont réduire la portée de ce nouveau délit. Les pollueurs de toute espèce dorment encore tranquilles...

« EXPÉRIMENTATION DANS LES COLLECTIVITÉS LOCALES VOLONTAIRES D'UN MENU VÉGÉTARIEN QUOTIDIEN »

6/10 Une initiative toujours louable mais sur la base d'un vague volontariat.

Si à Limite on aime la bidoche, il y a des limites. Instaurer dans les cantines des écoles mais aussi des administrations publiques un menu végétarien est une belle idée. Faire naître dans la tête des jeunes pousses l'idée que moins manger de viande pour en manger de la meilleure n'est pas scandaleuse, et – n'en déplaise à la FNSEA – ne va tuer aucun agriculteur. Le pari était grand, et malheureusement l'exécutif n'a pas été à la hauteur. Alors que la loi aurait pu généraliser ces menus végétariens, la majorité d'Emmanuel Macron a tourné la chose en une vague expérimentation proposée sur la base du volontariat à des maires qui, bien souvent, en font déjà davantage... Il n'empêche que l'idée que quelques repas végétariens par semaine font aussi bien grandir que les steack-semelles fait son chemin. Et on se réconfortera en lisant l'article suivant qui fixe des objectifs de bonnes proportions de produits bios et équitables dans les mêmes cantines à horizon 2024.

Appréciation générale : La Convention Citoyenne pour le Climat a offert à Emmanuel Macron une occasion unique. Celle de faire avancer son pays de quelques bornes sur le sentier de la transition joyeuse vers une vie un peu plus écologique. Mais assailli des exigences des lobbyistes et des états d'âme de l'ex-banquier, il n'a pas eu le courage de se saisir de ce qui lui était offert. Sur l'avion, les centres commerciaux, la pub, inlassablement il a poussé pour que les engagements soient revus à la baisse. À Barbara Pompili est revenue la douloureuse tâche d'avaler les couleuvres, et aux citoyens de se satisfaire des demi-mesures.

Si l'histoire de la Terre faisait la taille de cet article, toutes les civilisations humaines tiendraient sur l'épaisseur du point final. Pourquoi, demande à juste titre le sceptique, l'homme se serait soudain rendu maître du climat ? Pour comprendre, il faut remonter dans le temps, lire les sols, les mers et les montagnes comme autant de palimpsestes. Petite histoire du Paléo à l'invention de la machine à vapeur.

Paléoclimatologie Débuts de la fin

PAR EUGÉNIE LE QUÉRÉ
ILLUSTRATIONS DE CHARLOTTE GUITARD

Bien sûr, le climat a toujours changé : est en cours un épisode de plus d'une épopée interminable. Mais loin de nous tranquilliser, l'évocation du long passé climatique et de ses mondes perdus peut nous faire ressentir l'ampleur de ce qui arrive. Le changement du climat, ce n'est pas la fin du monde, mais ça peut bien être la fin d'un monde, du seul monde qui ai jamais abrité des civilisations humaines. Parce que c'est le plus loin que la politique peut penser – et encore –, nous sommes rivés sur le climat de 2100 comme sur le bout de notre nez. Mais les transformations que nous avons mises en branle seront, en 2100, à peine esquissées, car ce n'est pas en un siècle que se dessine le visage de la Terre.

Holocène – 20 000 ans – 200 ppm CO2

Le paysage naturel peut sembler immuable, mais à peine 20 000 ans en arrière, il est méconnaissable. La Terre de la glaciation de Würm est 5 à 6°C plus froide qu'aujourd'hui. Une calotte glaciaire de la taille de l'Antarctique trône sur l'hémisphère nord, jusqu'en Allemagne et en Angleterre. La France est couverte d'une steppe peuplée de mammouths, les glaciers alpins sont aux portes de Lyon. L'hiver, la mer gèle jusqu'en Espagne. Elle est 130 mètres en dessous du niveau actuel, et la Manche est à sec.

La sortie de l'âge glaciaire est rapide, et chaotique. La débâcle des icebergs du Nord cause des à-coups de la circulation de l'Atlantique, qui se répercutent de diverses manières dans le monde entier. En Europe, le thermomètre dévale des montagnes russes. Enfin, à l'aube de l'histoire, il y a 10 000 ans, quand s'élèvent les murs des premières villes, le climat se stabilise, c'est celui que nous connaissons. La mer, elle, monte encore, car l'océan réagit avec retard ; les mythes de déluges sont sans doute fondés sur la mémoire des submersions très réelles de cette époque. Dieu promet à Noé la clémence du ciel, et de fait, l'émergence de l'humanité sédentaire et agricole coïncide avec une période remarquable de paix climatique. Ce n'est pas du luxe : il suffit que le ciel tousse pour que les civilisations antiques s'enrhument. Où serions-nous aujourd'hui si Babylone, Suse ou Athènes avaient été réduites en poussière avant l'heure par un trivial coup de froid, de chaud ou de sec ?

Pliocène – 3 millions d'années – 400 ppm CO2

Aux yeux des géologues, notre époque appartient encore à l'ère glaciaire qui dure depuis 2,6 millions d'années et se caractérise par une alternance, tous les 40 à 100 millénaires, de gel et dégel de la calotte arctique, tandis que le CO2 atmosphérique oscille entre 180 et 280 ppm. Les écosystèmes que nous connaissons portent bien des traces de leur passé glaciaire : la faune et la flore de nos montagnes, le lagopède alpin, le tétras-lyre ou la chouette chevêchette, sont des reliques, des réfugiés du grand dégel.

Cette ère glaciaire fait figure d'exception : avant elle, la Terre était en général plus chaude qu'aujourd'hui, la glace quasi absente, et le CO2 beaucoup plus élevé. Ce sont là des faits certains, et si quelque climato-sceptique en dit qu'il n'y a rien de nouveau sous le soleil et qu'il ne faudrait pas céder au catastrophisme, vous pouvez rire. Car justement : nous savons combien les variations de l'effet de serre peuvent métamorphoser la Terre... parce que cela a déjà eu lieu.

À quoi ressemble donc la Terre au Pliocène, il y a 3 millions d'années, avant l'ère glaciaire, et la dernière fois que le CO2 atmosphérique a atteint les 400 ppm actuels ? Elle est 2 à 4°C plus chaude qu'aujourd'hui, et la mer est 20 mètres plus haute, avec de fortes variations dues à l'instabilité des glaces de l'Antarctique. L'Arctique est verdoyant jusqu'au Groenland et peuplé de chameaux géants. Nos ancêtres les Australopithèques profitent d'une Afrique humide : le Sahara est une savane parsemée de lacs. Ce Pliocène, c'est une image des changements de long terme déjà mis en branle avec le CO2 actuel. Si nous n'y sommes pas encore, c'est que le climat a une inertie considérable, et qu'un changement de paramètre prend des siècles ou des millénaires à se répercuter à tout le système.

Miocène – 16 millions d'années – 500 ppm CO2

Des volcans effusifs dans l'ouest américain dégagent une importante quantité de CO2, amenant sa concentration atmosphérique jusqu'à 500 ppm – environ le niveau auquel on espère s'arrêter en cas de succès des accords de Paris – vous savez, ces accords qui promettent +2°C en 2100. Et bien la Terre du Miocène est 4 à 8°C plus chaude qu'aujourd'hui. Il n'y a pas, ou presque pas, de glace permanente au pôle Nord, et la calotte Antarctique a perdu entre un tiers et deux tiers de son volume. La mer est 50 mètres plus haute et couvre une bonne partie de l'Europe et de l'Asie centrales. Le Miocène est un monde humide, sans déserts, et dont ont disparu les paysages ouverts de prairies qui caractérisent notre époque froide : les forêts s'étendent partout, jusqu'aux rives de l'Antarctique. Le nombre et la variété des grands primates mérite au Miocène le titre de « planète des singes », la Sibérie est peuplée de tortues et de perroquets, et Megistotherium, une sorte de hyène de 4 mètres de long, est le plus grand mammifère carnivore de tous les temps.

Le Miocène est un monde humide, sans déserts, et dont ont disparu les paysages ouverts de prairies qui caractérisent notre époque froide : les forêts s'étendent partout, jusqu'aux rives de l'Antarctique. Le nombre et la variété des grands primates mérite au Miocène le titre de « planète des singes »

Éocène – 56 millions d'années – 600 à 1600 (?) ppm de CO2

Remontons encore dans le passé, pour explorer des climats plus extrêmes, correspondant aux scénarios franchement pessimistes de réchauffement anthropique. Si loin dans le passé, la forme des terres a changé : l'Himalaya n'existe pas encore, les deux Amériques sont séparées, la Méditerranée est largement ouverte vers l'océan Indien. Avec 600 ppm de CO2, il n'y a plus trace de glace nulle part, ni aux pôles ni sur les plus hauts sommets. L'essentiel de l'Europe de l'Ouest est submergé. L'Arctique est couverte d'une forêt pluviale peuplée d'hippopotames, d'alligators et de tapirs. En Antarctique, on a trouvé des sortes de palmiers et de baobabs, qui traversent allègrement quatre mois de nuit polaire.

Dans ce monde déjà très chaud se déroule un curieux épisode, très étudié pour sa similarité potentielle avec les changements en cours. La température connaît un pic brutal, 5 à 8°C de réchauffement en quelques milliers d'années, portant la température moyenne à un étouffant 30°C, (soit 16°C de plus que la température actuelle), puis un retour à la situation antérieure après environ 200 000 ans. C'est rapide, mais encore 10 à 50 fois plus lent que le réchauffement actuel... En cause, probablement, la désagrégation d'immenses gisements sous-marins d'hydrates de méthane, peut-être sous l'effet de l'activité volcanique, ou bien sous l'effet de... la chaleur elle-même ; le climat pourrait ainsi s'emballer dans des cycles infernaux.

Cet épisode hyperthermique secoue les écosystèmes du monde entier. Dans les Pyrénées espagnoles, les géologues font dire aux cailloux qu'une dense forêt de conifères est balayée, et son sol dénudé emporté par des crues torrentielles. De la Tanzanie à l'Amérique, on a retrouvé des traces similaires de grand désordre hydrologique, d'alternances de sécheresses et de déluges, ou de fleuves furieux charriant des quantités extrêmes de sédiments. Il n'y a pas de crise d'extinction, mais partout la faune et la flore se transforment et se déplacent. Les animaux sont frappés de nanisme : chevaux, cerfs, rongeurs, et même les insectes

deviennent plus petits, peut-être sous l'effet d'une baisse générale de la productivité des écosystèmes.

Le climat de l'Éocène pose beaucoup d'énigmes. Les fossiles suggèrent que les températures des pôles étaient très élevées, au point d'être proches de celles des zones tropicales – beaucoup plus proches que le gradient qui prévaut aujourd'hui. Cette situation échappe à la physique : il n'est pas possible de la reproduire par le calcul sans inventer des mécanismes qui ne sont pas observés à l'heure actuelle. De bizarres nuages chauffants ? Une circulation océanique survoltée ? Le débat est ouvert, et il laisse songeur sur l'étrangeté de ces anciens climats surchauffés : ce sont d'autres mondes, nous n'avons peut-être même pas la physique adéquate pour les décrire.

De quoi s'en faire une montagne

Mais pourquoi le dioxyde de carbone ne cesse-t-il de grimper quand nous reculons dans le passé, jusqu'à l'Éocène ? À très long terme, c'est la géologie qui détermine la concentration de dioxyde de carbone. Le volcanisme émet du CO2 dans l'atmosphère ; l'érosion des roches silicatées, et les processus de sédimentation, en retirent. Le CO2 atmosphérique dépend de l'équilibre entre les deux, et donc de la forme et de la position des continents, plus ou moins exposés à l'érosion. Quand l'Inde entre en collision avec l'Asie et soulève l'Himalaya, il y a 50 millions d'années, apparaît la configuration idéale pour une érosion maximale : une jeune et haute chaîne de montagnes près des Tropiques. La mousson indienne tombe sur les roches himalayennes, leur altération dissout dans l'eau du CO2, entraîné par le Brahmapoutre et le Gange, avec de grandes quantités de sédiments organiques, qui resteront piégés dans les profondeurs de l'océan Indien. Les millions d'années passant, le CO2 se raréfie, la Terre se refroidit, le pôle Sud s'englace, puis le Nord.

Et soudain, en l'espace d'un clin d'œil géologique, à la faveur de quelques petits millénaires de calme, apparaissent le moteur thermique et le parpaing béton. Nos machines renvoient dans l'atmosphère, en une poignée de siècles, autant de dioxyde de carbone qu'il n'en était sorti depuis 50 millions d'années, un rythme de changement sans précédent connu.

« Nous sommes nés d'hier, et nous ne savons rien. Nos jours sur la Terre sont comme l'ombre qui passe » notait l'auteur biblique, à l'aube de l'écriture. Au terme de ces lignes, il reste à contempler le point final, si petit, si nouveau, si puissant. Que s'écrira-t-il après ? Pour quelques instants, le temps que passe une ombre, nous tenons la plume. ● ELQ

Cet article basé sur les textes de Peter Brannen (« Extreme Climate Change History », *The Atlantic*, mars 2021) ; Gilles Ramstein (« Une brève histoire du climat et de la Terre », *Reflets de la Physique*, octobre-novembre 2017) ; de Richard Pancost, (« Climate Change Narratives », *Nature*, 2017) et de Francesca McInerney et Scott Wing, (« PETM perturbation of carbon cycle, climate and biosphere », *Annual Review of Earth and Planetary Sciences*, 2011)

Autopsie d'un basculement

Comment je suis devenu climosceptique

Un petit coup de clim', et ça repart ! Si les climatiseurs sont partout, le camp de ceux qui doutent de leur utilité grandit. En réalisant que les refroidisseurs nous réchauffent, notre contributeur Grégoire a basculé dans le camp des climosceptiques.

PAR GRÉGOIRE HINTERLANG
ILLUSTRATIONS D'ALEXANDRE FORGET

C'était il y a trois ans, durant l'été caniculaire. Après avoir couru pour atteindre le quai à temps, j'entre dans une rame de RER surclimatisée. La sueur de mon front s'évapore... pour ressurgir lorsque je sors des sous-sols des transports et me retrouve à l'air libre. Ou plutôt l'air asphyxiant : le goudron suffoque, je transpire à nouveau. Je me dirige vers la tour d'une grande entreprise spécialiste, entre autres, de *l'efficacité énergétique des bâtiments*. Alors que mon corps pénètre dans le bâtiment, j'ai l'impression d'être une grande asperge balancée au frigo. L'ascenseur, lui, cst bouillant. J'en sors. À l'étage, le froid polaire, à nouveau. En un instant, mes yeux sèchent du fait du courant d'air de la clim. En plein été, je dois enfiler mon pull. Mon sang ne fait qu'un tour. En état de choc thermique et émotionnel, je bascule, dans cette tour, au front du CAC 40 : le Camp Anti-Clim même sous 40°C.

Petit coup de froid et gros coup de chaud

Ce camp rassemble de moins en moins de personnes dans ce pays et ce monde. Les marches pour le climat n'ont pas dépassé les 350 000 personnes. Le marché de la clim a séduit 500 000 nouveaux foyers rien qu'en 2017. Et dans le monde, 1,6 milliards de climatiseurs ventilent à ce jour nos lieux de passage ou d'habitat. L'Agence Internationale de l'Énergie prévoit même que ce chiffre se portera à 5,6 milliards d'ici à 2050. Lorsque l'on sait qu'ils représentent déjà 20 % de la consommation électrique des bâtiments, 10 % de la consommation électrique mondiale et entre 3 % et 4 % de la consommation énergétique mondiale, ces perspectives font froid dans le dos. Par ailleurs, le rejet d'air chaud à l'extérieur des bâtiments par les climatiseurs engendre un surcroît de chaleur dans les villes, entre 0,25 °C et 2°C pour la ville de Paris d'après une étude du CNRS en 2010.

C'est là toute l'aporie de la climatisation : elle permet de lutter contre les effets du réchauffement climatique tout en le provoquant davantage. Outre leur pantagruélique consommation électrique et énergétique, les climatiseurs contiennent des fluides qui menacent nos écosystèmes. S'ils sont censés rester à l'intérieur de l'appareil, des fuites sont souvent inéluctables : lâchés dans l'at-

mosphère, en toute discrétion, inodores et non nocifs pour la santé, ils ont pourtant de quoi se faire remarquer.

Des fluides nocifs

Les premiers fluides utilisés étaient les gaz chlorofluorocarbures (CFC), des gaz à effet de serre qui figurent parmi les principaux contributeurs au trou dans la couche d'ozone. Utilisés dans les années 1980 comme gaz propulseur dans les bombes aérosols et comme réfrigérant dans les produits industriels froids, leur rôle environnemental néfaste a été rapidement identifié. Les CFC ont donc été assez largement bannis de manière plutôt précoce. Les États-Unis ont arrêté en 1978 la production d'aérosols propulsés par les CFC et un important accord international les a bannis en 1987, le Protocole de Montréal en 1987.

Maintenant que le trou de la couche d'ozone a été grossièrement colmaté, penchons-nous sur le produit miracle choisi pour remplacer les CFC : le gaz hydrofluorocarbure (HFC). Celui-ci a le mérite de ne pas déchirer cette pauvre couche d'ozone. En revanche, son pouvoir réchauffant est près de 15 000 fois supérieur à celui du CO_2. Le Protocole de Montréal a donc été amendé en 2016 à Kigali afin d'éliminer d'ici 2047 ce nouveau ravageur de notre maison commune. Nul doute que nos industriels trouveront un ersatz de CFC et de HFC pour les grand-remplacer.

Tous au frais

Convaincu des méfaits des climatiseurs, nul n'est condamné à transpirer tout l'été. Moult alternatives à la clim s'offrent aux climosceptiques. Comme un clin d'œil à l'histoire, puisqu'on dit que la climatisation moderne a été inventée pour rafraîchir les cinémas de New-York en été et permettre le succès des blockbusters, éteindre les écrans et appareils qui tendent à réchauffer les pièces est une bonne première étape. Éviter les longues cuissons au cœur de l'été participe de la même logique.

C'est là toute l'aporie de la climatisation : elle permet de lutter contre les effets du réchauffement climatique tout en le provoquant davantage. Outre leur pantagruélique consommation électrique et énergétique, les climatiseurs contiennent des fluides qui menacent nos écosystèmes.

Pour rafraîchir une pièce, l'on peut humidifier un drap et le placer devant une fenêtre en conservant les volets des autres fenêtres fermées. Pour la maison, faire grimper des plantes à feuillage caduc le long des murs protège de la chaleur en été. En hiver, leur ramure dégarnie laisse passer la lumière ! Pour les plus exposés, d'autres méthodes existent, bien plus techniques. Citons le rafraîchisseur d'air évaporatif, un appareil reproduisant l'idée du drap, ou le réseau de froid urbain. Si vous construisez votre maison, pensez au toit végétalisé ou au puits provençal. Une chose est sûre : cette histoire de clim invalide une nouvelle fois la théorie du ruissellement : si les riches ont frais en été... les pauvres auront encore plus chaud. GH

Eelias – Unsplash

Qui laisse les cargos polluer ?

L'intensification du transport maritime, corollaire de la mondialisation, contribue fortement à la pollution de l'air et au dérèglement climatique. Certains des polluants rejetés par les cargos sont quasi-absents du débat public, focalisé sur les gaz à effet de serre et la célèbre empreinte carbone. Observation à la loupe de ces oubliés des engagements climatiques.

PAR VONINTSOA RAFALY, DOCTEUR EN DROIT INTERNATIONAL (UNIVERSITÉ DE GOTHENBURG)

Le transport maritime est considéré comme le moyen de transport le plus durable, avec un rendement énergétique élevé, émettant le moins de substances polluantes au kilomètre et par kilogramme de marchandise transportée. Incontournable à la mondialisation, il est pourtant source de pollution : hydrocarbures, déchets rejetés en mer, et émission de polluants.

Ces polluants sont constitués des bien connus gaz à effet de serre (GES) comme le dioxyde de carbone (CO2), le méthane (CH4) ou le protoxyde d'azote (N2O). On compte aussi parmi eux les polluants atmosphériques, dits polluants non-GES, principalement l'oxyde de soufre (SOx), l'oxyde d'azote (NOx) ainsi que des particules. Ils sont produits par la combustion du fioul utilisé pour la propulsion des navires et nécessaire aux activités à bord. Leur émission est plus ou moins diffuse quand le navire est en haute mer, et plus dangereuse quand le navire est proche des côtes ou à quai, du fait de la concentration des polluants, s'ajoutant à la pollution due aux autres activités portuaires et les activités « normales » à terre.

Ces polluants non-GES ont des conséquences non négligeables. D'une part, leur présence dans l'atmosphère est à l'origine de pluies acides, altérant la qualité des sols et celle de l'environnement marin. Ils nuisent aux récoltes, du fait de la baisse de la productivité de la végétation et des cultures ; aux forêts et aux espèces aquatiques selon l'Organisation maritime internationale (OMI).

Dans le secteur maritime, la gouvernance climatique se fait à deux vitesses : d'un côté, une règlementation sur les GES et de l'autre, une politique sectorielle des polluants non-GES. Résultat : une pléiade de règlementations, éparpillées dans de nombreux textes, constituant une véritable faille de la gouvernance climatique.

D'autre part, ces polluants ont des effets nocifs sur la santé humaine, causant des affections pulmonaires, des maladies cardiovasculaires et ainsi contribue à l'augmentation du taux de mortalité prématurée. Ces effets sanitaires touchent premièrement les communautés littorales riveraines des ports et des zones où le trafic maritime est dense. En région PACA, par exemple, environ 4 millions de personnes vivent dans des zones où le taux de polluants est supérieur à la limite établie par l'OMS. Cela engendrerait 4.500 décès par an dans la région (Région Sud, 2016).

La solution serait d'adresser le problème de manière globale et coordonnée, en prenant en compte tout le système d'émission par les navires. Or, dans les débats climatiques et les règlementations établies, une distinction est faite entre les GES et les autres polluants. La Convention des Nations Unies sur les changements climatiques ne traite que des GES, tout comme l'Accord de Paris, avec l'engagement des États dans la réduction de leur empreinte carbone. Les autres gaz sont, eux, laissés de côté. Dans le secteur maritime, la gouvernance climatique se fait à deux vitesses : d'un côté, une règlementation sur les GES et de l'autre, une politique sectorielle des polluants non-GES. Résultat : une pléiade de règlementations, éparpillées dans de nombreux textes, constituant une véritable faille de la gouvernance climatique.

Plusieurs actions ont été initiées et sont en cours pour contenir l'émission de ces polluants non-GES, à l'image du projet de création d'une zone de règlementation des émissions de polluants dans le bassin Méditerranéen. Dans cette zone plusieurs stratégies seraient mises en œuvre pour préserver un milieu marin sensible et dont la richesse en biodiversité est rare. Parmi ces outils : le recours à des carburants plus propres, l'utilisation d'épurateurs écologiquement plus efficients ou encore un contrôle renforcé dans les ports.

La bureaucratie européenne et les intérêts contradictoires en présence freinent pourtant sa mise en place. Pendant ce temps, qu'en est-il de ces communautés littorales, victimes du gigantisme maritime et de la recrudescence du transport maritime, quels sont les moyens mis en œuvre ? Des solutions ont été avancées, notamment l'investissement dans l'électrification des navires à quai – alternative à l'utilisation du fioul pour maintenir leur activité – l'utilisation de combustibles à faible teneur en agent polluants ou encore la réduction de la vitesse des navires dans certaines zones sensibles. Les idées fourmillent mais les initiatives sont poussivement mises en place. Or, les estimations montrent que, compte tenu l'augmentation de la consommation globale, le trafic maritime grimperait de 20 % à 120 % d'ici 2050, et avec lui l'émission de polluants par les navires. La voie serait-elle sans issue ? VR

Rinson Chory – Unsplash

François Gemenne

« La catastrophe climatique va bouleverser la souveraineté nationale »

Spécialiste des questions de géopolitique de l'environnement et des migrations, François Gemenne est chercheur à l'Université de Liège (Belgique). Il est aussi co-directeur de l'Observatoire Défense et Climat du Ministère des Armées (France), établi à l'IRIS. Auteur principal pour le GIEC, il enseigne les politiques du climat et les migrations internationales dans plusieurs universités, notamment à Sciences Po Paris et à la Sorbonne. Avec *Limite*, il explore les contours d'une géopolitique climatique.

PROPOS RECUEILLIS PAR GASPARD CHAMEROYY
ILLUSTRATIONS DE CHARLOTTE GUITARD

En quoi l'enjeu des changements climatiques est un sujet géopolitique ?

C'est LE sujet géopolitique par excellence. La géopolitique a été définie de longue date comme l'étude des rapports de puissance. Aujourd'hui, nous avons besoin de redéfinir ce champ, en concevant que la terre est aussi un acteur politique. Notre manière de l'habiter est en train de profondément la changer, c'est l'Anthropocène. Ce terme désigne une nouvelle ère géologique dans laquelle l'homme a acquis une telle influence sur la biosphère qu'il en est devenu l'acteur central. Si nous voulons comprendre le monde, ce qui est le but de la géopolitique, il faut passer des relations internationales aux relations globales, et considérer non plus seulement les rapports entre les nations, mais aussi avec le vivant.

À quel moment avez-vous pris conscience de la dimension géopolitique du climat ?

Certains ont une prise de conscience en contemplant des forêts qui disparaissent ou des glaciers qui fondent, moi je l'ai eu en voyant le concept de souveraineté vaciller. L'électrochoc a été de réaliser qu'il était possible que certains États perdent leur territoire, et notamment les États insulaires, à cause d'actions entreprises par d'autres à l'autre bout de la planète, et ce sans y avoir prise. J'ai eu l'occasion d'habiter à Tuvalu, un archipel polynésien dans l'ouest de l'océan Pacifique Sud. C'est un des plus petits États du monde qui perd son territoire non pas à cause d'un problème politique mais à cause des émissions mondiales de gaz à effet de serre. Ce genre de situation bouleverse le concept de souveraineté nationale. Qu'est-ce que cela veut encore dire si mon État se dérobe sous mes pieds à cause de l'action d'autrui ? Peut-on imaginer des États déterritorialisés ?

Selon vous, que nécessite cette remise en cause de la souveraineté des États ?

Il faut un vrai travail de redéfinition des frontières. Une frontière est un marqueur d'identité, avec un groupe au sein duquel nous reconnaissons une forme de solidarité particulière. À cause des inégalités climatiques, les pays les plus responsables de la catastrophe en cours n'ont pas un intérêt direct à ce que cette catastrophe s'arrête, si on la conçoit dans ses frontières. Or la question de l'action écologique se pose en termes moraux. Le Pape François l'a tout à fait compris en publiant l'encyclique *Laudato Si*. Il s'agit de se sentir responsable de ce qui concerne ceux que nous ne connaissons pas. J'aimerais que nous nous sentions responsables de ce qui se passe à Tuvalu. Le prérequis est de considérer que les seules frontières qui vaillent vraiment sont planétaires.

Comment dépasser ces frontières dans la gestion des problèmes climatiques ?

Dans ces débats sur l'universalisme, l'enjeu est de considérer qu'il y a un impératif d'égalité qui doit dépasser nos frontières. L'idéal universaliste sera atteint dès qu'on considérera que ceux qui habitent au-delà de nos frontières sont nos semblables au sein d'une même humanité et non aux limites de la métropole. Un des problèmes est que les gouvernements sont arc-boutés sur leurs champs nationaux. Sur les questions climatiques, chacun affirme fièrement ce qu'il va faire chez lui dans des engagements nationaux. L'enjeu n'est pas chez soi, mais au niveau global. Les discussions se concentrent sur les gros émetteurs : la Chine, les États-Unis. Demain la lutte va se jouer en Égypte, en Iran, en Afrique du Sud, dans des pays qui risquent de devenir de grands émetteurs. Il y a une nécessité de remettre au goût du jour les objectifs de coopération internationale sur ces sujets, au risque d'être condamnés à des déceptions permanentes.

Pourquoi la gouvernance climatique mondiale est-elle difficile à construire ?

Les pays ont tous tendance à agir en fonction de leur intérêt national. Ils ont compris intellectuellement mais pas politiquement qu'il était dans leur intérêt commun d'agir ensemble. Pourtant, en s'engageant trop, les pays seront toujours accusés de brader leurs sujets nationaux. Il y a un enjeu culturel : le nationalisme est le principal ennemi du changement climatique, devant le pétrole ou le charbon !

> **« Les pays ont tous tendance à agir en fonction de leur intérêt national. Ils ont compris intellectuellement mais pas politiquement qu'il était dans leur intérêt commun d'agir ensemble. »**
> François Gemenne

Comment la gouvernance mondiale du climat peut-elle prendre en compte les intérêts d'ensembles comme la forêt amazonienne ou l'Arctique qui ne sont pas représentés par des États ?

Le problème est qu'ils sont représentés par des États qui ne les considèrent pas comme des biens communs, mais comme des ressources

économiques nationales. Le Brésil refuse toute gouvernance mondiale de la forêt amazonienne. De la même façon, les pays convoitent l'Arctique et souhaitent la découper en bouts de territoire nationaux. Je ne crois pas à la question de la représentation fictive non humaine. En revanche, nous pouvons donner davantage de place à des acteurs de la société civile, à des associations. Il faut que les mentalités évoluent dans ces pays détenteurs de biens communs, et admettre l'idée que ces biens ne leur appartiennent plus complètement. Cela sera très compliqué, et ce le sera encore plus si nous sommes dans une logique nationaliste, où nous ne pouvons pas entendre que des pays étrangers nous disent comment faire.

Quelle est selon vous la solution pour avancer efficacement ?

De manière plus pratique, il faut revoir certains modèles de négociations. Il faut dépasser le modèle onusien où tout le monde doit être d'accord, et penser à d'autres types de représentations, en incluant des entreprises, des collectivités locales, pour avancer ensemble en espérant que les autres rattrapent le train, comme l'a fait Joe Biden récemment. Le consensus rend tout le monde tributaire de tel ou tel leader nationaliste. Nous étions tributaires de Trump hier, aujourd'hui de Bolsonaro, demain de Modi en Inde.

Les États-Unis s'étaient retirés de l'Accord de Paris et y reviennent avec Joe Biden. Que pensez-vous de cette situation ?

On se réjouit tous du volontarisme affiché de Joe Biden. Mais il y a deux risques très lourds. Il faut faire attention à ne pas être aveuglé par un optimisme béat. Premièrement, en abandonnant le leadership climatique aux États-Unis, nous nous soumettons de facto à une vision très américaine de ce que doit être la réponse au changement climatique, très centrée sur la technologie, volontariste et peu contraignante. Ensuite, on fragilise les processus en pensant qu'ils sont dépendants des résultats d'élections régionales, et que les pays peuvent entrer et sortir. C'est dangereux pour l'architecture et la stabilité du système. PROPOS RECUEILLIS PAR GC

Pourquoi les riches se barrent

Montée du niveau de la mer, explosion des îlots de chaleur, sécheresses... les évènements climatiques menacent tout le monde. Mais alors que les pauvres n'ont guère d'alternative, les riches, eux, préparent leur retraite stratégique dans quelque eldorado climatique...

PAR THÉO MOY – ILLUSTRATIONS D'EMMA BERTIN

Sur les littoraux autour du monde, le changement climatique menace les maisons des riches. De la Grande Motte au Cap Ferret, la France ne fait pas exception. Sur la presqu'île du bassin d'Arcachon, les villas « pieds dans l'eau » ont offert pendant des décennies un havre de paix sociale aux parisiens en vacances, exhibés dans leur écrin par *Les Petits mouchoirs* , le film de Guillaume Canet.

Depuis les années 1990 , les propriétaires de ce paradis effrité ne peuvent que constater l'érosion inexorable que les réensablements ne parviennent guère à combler. L'homme d'affaires Benoît Bartherotte, après s'être accaparé une tranche du littoral, y a fait construire sa propre digue de près de 400 m, occasionnant 20 ans de procès et controverses. Mais après ? Depuis 2016, la plage de la pointe du Cap-Ferret est définitivement fermée au public. Dans deux décennies, les premières maisons seront menacées par les eaux.

Les riches se carapatent...

De l'autre côté de l'Atlantique, sur la côte californienne, l'érosion menace aussi les riches, dont les villas se retrouvent en sursis. Les images de télévision les montrent suspendues au-dessus du vide, avant leur destruction. Des résidences principales qui disparaissent, et une question lancinante, mais où iront leurs propriétaires ? Les cadres de la Silicon Valley, regroupement des multinationales de la tech au sud de Francisco, ont déjà organisé leur retraite vers un eldorado climatique : la campagne néo-zélandaise.

Selon le fondateur de Linkedin interrogé dans une enquête publiée par le **New Yorker** en 2017, 50 % des milliardaires de la Silicon Valley auraient déjà acheté une maison dans un endroit retiré, une « assurance vie » supplémentaire en cas d'effondrement. Ces ultra-riches à la formation de technicien habitués à calculer les risques pour les réduire sont un public particulièrement réceptif à la collapsologie. Comme ils anticipaient une chute des cours boursiers ou l'élection d'un Président hostile à leurs intérêts, ils sont désormais attentifs aux évènements climatiques.

Dans le journal en ligne *Reporterre*, l'économiste jésuite Gaël Giraud raconte qu'au cours d'une « discussion avec des financiers de la City, à Londres », ces derniers lui ont fait comprendre qu'ils ne comptaient « *rien faire pour la transition écologique* », et songeraient à « *envoyer leurs enfants en Suède, croyant que ce pays sera épargné* ».

Dans la Silicon Valley, c'est la Nouvelle-Zélande qui aurait la cote comme refuge en cas d'effondrement climatique. L'île retirée offre de vastes espaces vierges d'installations humaines et une législation favorable aux investisseurs étrangers. Des milliardaires s'y font construire de vastes ranchs avec une piste d'atterrissage privée et parfois, un bunker tout équipé. Après l'élection de Donald Trump en 2016, la demande aurait explosé. Pas survivalistes ni persuadés que l'apocalypse est imminente, cette élite se prépare simplement à l'éventualité de devoir mettre ses proches à l'abri de crises insurmontables. Et pour les autres... tant pis.

Et les pauvres trinquent !

Chaque été, les urbains étouffent davantage. Mais tous les quartiers sont loin d'être touchés de manière aussi intense par le phénomène des îlots de chaleur, ces microclimats urbains où le thermomètre grimpe plus haut qu'à quelques centaines de mètres à cause de la concentration de béton et de bitume qui rétiennent la chaleur.

Les cadres de la Silicon Valley, regroupement des multinationales de la tech au sud de Francisco, ont déjà organisé leur retraite vers un eldorado climatique : la campagne néo-zélandaise.

Aux États-Unis, des chercheurs ont mesuré la température pendant une vague de chaleur dans les différents quartiers de grandes villes. En 2019, le *New York Times* a publié les résultats de mesures prises à Baltimore, une ville de 600 000 habitants située au nord de Washington. En plein été dans certains quartiers riches, avec leurs allées d'arbres, leurs jardins et leurs parcs, les températures restent aux alentours des 30°C. Dans les quartiers populaires et afro-américains plus denses, asphaltés et en grand déficit d'arbres, le thermomètre frôle les 40°C, soit presque dix degrés supplémentaires.

La lutte contre les îlots de chaleur, qui rendent les étés invivables pour les habitants, et en particulier les plus pauvres, devient un objectif de politique de la ville. Les différents candidats des grandes villes aux élections municipales de 2020 en France ont rivalisé dans les promesses de plantations d'arbres. Mais la création d'espaces verts qui apportent de la fraicheur est souvent en confrontation avec d'autres projets d'urbanisation.

À Lille, la maire Martine Aubry, du Parti Socialiste, défend ainsi l'aménagement d'une vaste friche ferroviaire au sud de la ville pour construire bureaux et logements, destinés à la « matière grise européenne » que sa ville au carrefour de Londres, Bruxelles et Paris veut attirer. Et tant pis si les Lillois ne bénéficient que de 14m² d'espaces verts par personne, contre 48m² de moyenne dans les 50 plus grandes villes françaises. Des espaces verts de plus concentrés au nord de la ville, où vivent les populations les plus aisées.

Quand ce n'est pas le travailleur précaire de Baltimore ou Lille qui étouffe au mois d'août, c'est le paysan ougandais qui ne peut plus cultiver son champ touché par la sécheresse ou l'habitant d'un bidonville de Jakarta qui a les pieds dans l'eau. De quoi se convaincre que « *toute approche écologique doit incorporer une perspective sociale qui prenne en compte les droits fondamentaux des plus défavorisés* », comme l'écrit le Pape François dans son encyclique *Laudato Si*.

Éoliennes
Pales fictions

Si politiques et industriels se sont emparés de la question climatique, on ne peut guère en dire autant de la biodiversité. Les deux questions sont pourtant intimement liées et des solutions peuvent les associer.

PAR JUDITH LACHNITT
ILLUSTRATION DE MARIE-ANNE BEZON

Le dernier rapport de la Plateforme intergouvernementale sur la biodiversité et les services écosystémiques (IPBES) s'alarme du déclin sans précédent de la biodiversité : plus de 25 % des espèces sont directement menacées. Si cette crise de la biodiversité est inquiétante pour la vie de la faune et de la flore, l'érosion de la biodiversité a des effets graves sur l'équilibre de la vie sur terre et les populations humaines. Selon Robert Watson, le président de l'IPBES, « *la destruction de la biodiversité et des services écosystémiques a atteint des niveaux qui menacent notre bien-être au moins autant que les changements climatiques* ».

Les forêts et les océans participent à la régulation du climat en absorbant le CO_2 et réduisent les conséquences d'événements météorologiques extrêmes liés au changement climatique. Les récifs coralliens aident à lutter contre les inondations côtières en absorbant l'énergie des vagues. La biodiversité offre des services écosystémiques en participant à la pollinisation dont dépendent 75 % des cultures, à la formation des sols, à la purification de l'eau. Qui peut prétendre se passer de cette richesse inestimable ?

Des technologies pas si vertes

En 2015, la loi de Transition énergétique fixe l'objectif d'atteindre 32 % d'énergies renouvelables dans le mix énergétique français en 2030. Cette ambition s'est traduite par le lancement de nombreux projets dans l'éolien, représentant aujourd'hui 4,5 % de la production d'électricité nationale. Une étude de l'ADEME a recensé les impacts des énergies renouvelables sur les écosystèmes : ses conclusions sont sanglantes. Les éoliennes génèrent des collisions d'oiseaux ou de chauves-souris, les barrages hydrauliques participent à la disparition d'écosystèmes en fragmentant les habitats et en perturbant les flux hydriques en amont et en aval des installations hydroélectriques. Ils peuvent également être à l'origine de perturbation des voies migratoires de certaines espèces de poissons. Les énergies marines bouleversent de leur côté l'équilibre des fonds marins et le comportement de leurs habitants.

Afin de réduire la dépendance aux énergies fossiles fortement contributrices d'émissions de GES, il faut développer de nouvelles productions. La méthanisation, qui consiste à produire de l'énergie à partir de la biomasse végétale, a le vent en poupe. Cette biomasse peut être issue des exploitations, ou bien faire l'objet de nouvelles productions, à usage purement énergétique. C'est notamment le cas de culture telle que le Miscanthus. Harold Levrel, chercheur au Cired, s'alarme ainsi que la production de biomasse nécessite « *des besoins gigantesques en terres et en eau, qui pourraient induire des changements irréversibles sur le système Terre* ». Cette quête à l'énergie verte est pleine de paradoxes. De même, l'installation de panneaux photovoltaïques, auparavant réservés aux toitures, menace de coloniser les terres agricoles, rimant alors avec artificialisation des sols et destruction des habitats...

Cette quête à l'énergie verte est pleine de paradoxes. De même, l'installation de panneaux photovoltaïques, auparavant réservés aux toitures, menace de coloniser les terres agricoles, rimant alors avec artificialisation des sols et destruction des habitats…

Sauve ta chauve-souris

Heureusement la préservation des espaces naturels, agricoles ou forestiers et la production d'énergie renouvelable ne sont pas incompatibles. Le ministère de la Cohésion des territoires l'affirme en tout cas dans une circulaire datée de 2009, soulignant l'existence de solutions intégrant la protection de la biodiversité dans les installations. Pour le photovoltaïque, déployer les panneaux sur des bâtiments ou des sites déjà artificialisés permet de préserver la qualité de sols non imperméabilisés. De plus, en instaurant des procédures de précaution, on limite les effets des installations d'équipements énergétiques renouvelables sur la vie des écosystèmes.

À Saint-Congard dans le Morbihan, un nouveau dispositif est testé pour limiter l'impact des éoliennes sur les chauves-souris. Des capteurs détectant le vol des chauves-souris ont été installés pour réduire la rotation des pales lors de leur passage. Il arrive donc aux éoliennes du parc d'arrêter de tourner pour permettre aux chauves-souris de se nourrir la nuit. Mais ces dispositifs montrent parfois leurs limites : un gypaète barbu, une espèce rarissime de vautour, a été tué le 26 mai dernier par les pales d'une éolienne néerlandaise malgré l'existence d'un dispositif d'arrêt d'urgence. L'oiseau avait été réintroduit dans la Drôme tout juste un an auparavant. La Ligue de Protection des Oiseaux a demandé urgemment que les éoliennes ne soient plus implantées à proximité des espaces riches en biodiversité, comme les zones Natura 2000. Quitte à ralentir les implantations d'éoliennes, ce à quoi les États ne sont pas prêts...

Mimer la biodiversité pour piéger du carbone

Les solutions sont peut-être davantage à chercher du côté du géomimétisme. Le consultant Pierre Gilbert défend dans un livre (*Géomimétisme. Réguler le changement climatique grâce à la nature*, Les Petits Matins) cette idée, selon laquelle s'inspirer du fonctionnement de la biodiversité permettrait de concevoir des solutions réduisant les effets du changement climatique. Appliquée à la reforestation, cette technique consiste à reproduire un écosystème forestier en intégrant diverses essences locales pour recréer un écosystème « *dans lequel chaque élément de biodiversité peut jouer son rôle dans le cycle du carbone* ». Contrairement à la géo-ingénierie, qui parie sur le développement de technologies pour capturer du CO2 et atteindre la neutralité carbone, le géomimétisme se base sur les cycles naturels et le fonctionnement des écosystèmes. Une piste sérieuse pour répondre au défi du réchauffement climatique, loin des fantasmes de maîtrise de la nature et de la volonté de s'affranchir du problème climatique.

Les chrétiens et la prise de conscience écologique

Et le vert s'est fait chair

Les rapports entre l'homme et la nature ne sont pas un long fleuve tranquille. Entre surpuissance et antispécisme, Dieu nous ouvre une voie.

PAR FRANÇOIS EUVÉ
ILLUSTRATION DE VICTOR CARPENTIER

Pourquoi nous préoccuper de la Terre alors que le Ciel est notre vraie patrie ? « Notre cité se trouve dans les cieux », ai-je entendu chanter l'autre jour. Peut-être suis-je trop influencé par la pensée de Pierre Teilhard de Chardin, dont la méditation du Milieu divin reste un souvenir marquant de mes années d'études, peut-être est-ce ma formation et mon goût pour la science physique qui m'a fait percevoir que la matière n'est pas simplement une « chose », qu'il y a du mystère dans le monde et que Dieu y est présent, d'une manière sans doute infiniment discrète mais bien réelle. Je ne peux détacher mon regard de la terre.

L'accès à une sensibilité écologique a représenté une étape supplémentaire. Le concile Vatican II portait un regard encourageant sur le travail humain, à l'encontre d'un jansénisme rémanent qui imprégnait encore les mentalités catholiques de l'époque. Selon cet héritage (a-t-il disparu ?), la nature humaine, pervertie par le péché originel, était réduite à l'impuissance et ne pouvait qu'attendre le « ciel ». Il aurait semblé incongru d'offrir à Dieu « le fruit de la terre et du travail des hommes ». *Gaudium et spes* (1965) renouait avec la grande tradition patristique et médiévale en affirmant que le « progrès terrestre » avait « beaucoup d'importance pour le royaume de Dieu » (n° 39). Mais c'était au moment où les esprits les plus lucides percevaient les ambivalences de ce « progrès terrestre ». Dans *Avant que nature meure*, publié dans ces mêmes années mais lu par moi bien plus tard, Jean Dorst dénonçait la coupure entre l'homme et la nature et le non-respect de ses lois. Dans ce même ouvrage, il attribuait au christianisme l'origine de l'« anthropocentrisme » de la pensée moderne.

Depuis lors, les choses se sont rééquilibrées. Nul ne doute désormais de l'engagement des Églises chrétiennes dans la cause écologique. Bien avant *Laudato si'* (2015), les Églises européennes s'étaient réunies à Bâle en 1989 pour élaborer un document en faveur de la « paix, de la justice et de la sauvegarde de la création ». Il y avait eu auparavant des interventions de responsables d'Église, des travaux de théologiens, l'engagement concret de nombreuses communautés religieuses, etc. L'idée que le christianisme pourrait être, au moins en partie, responsable de la crise écologique du fait qu'il ferait de l'homme le « maître et possesseur » exclusif de la nature, est démentie par tous ces faits.

Mais la question n'est pas résolue pour autant. À mes yeux, le « nœud » de l'affaire est la question du « propre » de l'homme, du spécifique humain au sein du monde vivant. Si, dans le monde catholique, on emploie volontiers l'expression d'« écologie humaine », c'est pour souligner cette différence dont il faut interroger le statut. De son côté, le pape François parle d'écologie « intégrale » pour dire que le souci de la nature est indissociable de la justice sociale : entendre le « cri de la Terre » ne doit pas empêcher d'entendre le « cri des pauvres », et vice versa.

Je définirais l'écologie comme la prise de conscience des interdépendances qui caractérisent le vivant. On ne peut comprendre un organisme en l'isolant de son environnement : « tout est lié ». Non seulement le salut doit être envisagé de manière collective (« on ne se sauve pas tout seul », rappelle François dans *Fratelli tutti*), mais il doit impliquer l'ensemble des créatures. Notre destinée est liée à celle des animaux, des plantes, de l'univers dans son ensemble. On objectera que l'Apocalypse annonce des « cieux nouveaux » et une « Terre nouvelle ». Mais ce n'est pas l'anéantissement de la création divine, ce qui contredirait la Genèse, mais sa transformation. La résurrection en est l'expression si l'on prend au sérieux l'affirmation de foi qu'elle concerne la « chair ».

L'écologie est la prise de conscience des interdépendances qui caractérisent le vivant. On ne peut comprendre un organisme en l'isolant de son environnement : « tout est lié ».

Jusqu'où s'étend cette solidarité ? Je trouve fascinant ces nombreux travaux récents qui nous font mieux connaître le comportement des animaux et la vie des plantes. Loin du modèle « mécanique » qui reste encore prégnant dans les esprits, nous découvrons avec étonnement des comportements pas si loin des nôtres. Le monde vivant devrait-il être pris comme un grand ensemble où tout circule, tout s'échange dans une vaste « métamorphose » (Emanuele Coccia) ?

On comprend la crainte de l'émergence d'un néo-panthéisme qui évoque davantage les mythes chamaniques que l'Écriture sainte. La vénération de la nature n'est-elle pas une manière de la sacraliser, ce dont le christianisme nous aurait affranchi ? Ne voit-on pas se dessiner à l'arrière-plan la figure d'un Dieu « âme du monde » ? Si les militants de la cause écologique parlent de « spiritualité », faudrait-il l'entendre comme une « énergie » qui circule dans le monde, comme le « Qi » des taoïstes ?

Que répondre à cela ? Un premier élément de réponse consiste à reconnaître que la théologie chrétienne gagnerait à s'enrichir d'une solide « théologie du monde » (des animaux, des plantes, etc.). Au moins depuis saint Augustin en Occident (c'est moins le cas en Orient), la théologie est très « anthropocentrée ». De belles figures spirituelles ont élargi l'espace de leur contemplation (on pense à François d'Assise, mais il faudrait remonter vers les premiers moines égyptiens), mais sans influence profonde sur la théologie « savante ».

Un second élément de réponse invite à nous interroger sur notre vision de la personne humaine et, plus précisément, sur son agir. Quelle est la source de notre agir ? C'est la question de la liberté. Si l'on répond à la manière des Modernes, que notre libre arbitre est parfaitement autonome, on en perçoit les conséquences potentielles sur une nature qui ne sera qu'une « chose » à notre disposition. À l'inverse, si l'on pense qu'en tant qu'êtres de nature, notre comportement doit se conformer à la marche du monde, que reste-t-il de notre liberté ?

THÉOLOGIE DE L'ÉCOLOGIE, François Euvé, Salvator, 200p., 20 €

SPORT

CHASSER LES MARCHANDS DU STADE

Pages dirigées par Antonin Gouze et Vincent Bresson

Henrique Macedo – Unsplash

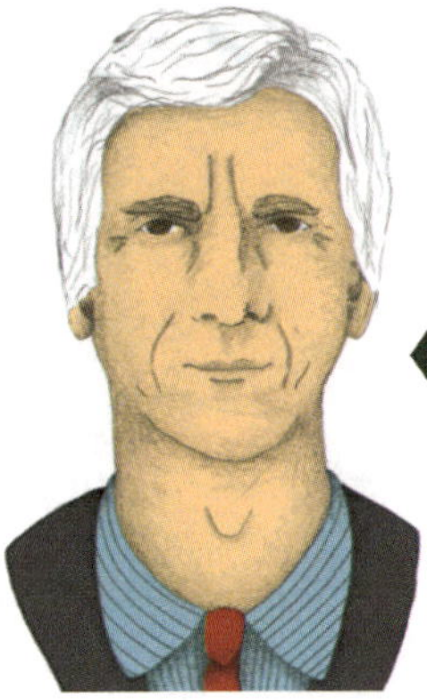

Luc Arrondel « L'américanisation du football est un vrai problème »

Longtemps resté l'apanage d'industriels gérant les clubs en « bons pères de famille », le football est un business croissant en pleine mutation. Mais entre la défection du diffuseur du championnat français et la crise sanitaire, les stades ont été désertés, les sponsors ont été moins généreux et les caisses se sont vidées. Des liquidités, quand il n'y en a plus, il y en a encore : des fonds d'investissement américains sont prêts à devenir les grands argentiers du ballon rond, alors que, dans le même temps, les clubs les plus riches menacent de créer leur propre compétition, plus prolifique. Entretien sur cet argent qui fait tourner le ballon rond avec Luc Arrondel, directeur de recherche au CNRS et auteur de *L'Argent du football* (Cepremap).

PROPOS RECUEILLIS PAR VINCENT BRESSON – ILLUSTRATIONS DE MARIE-ANNE BEZON

Courant avril, on a appris que douze clubs parmi les plus riches d'Europe désiraient faire sécession et créer la Superligue, leur propre compétition fermée aux autres clubs. Face aux réactions, ces équipes sont revenues sur leur décision, mais on a l'impression que cette situation pourrait créer un précédent et ouvrir une nouvelle ère économique du football.

L'histoire du football peut être séparée en plusieurs périodes. La dernière période qu'on peut qualifier de post-moderne s'étend de l'arrêt Bosman à aujourd'hui. On peut se demander si on ne rentre pas dans une nouvelle période, car, depuis les années 90, les inégalités ont augmenté entre clubs, autant au sein des championnats qu'au niveau européen. Il y a aussi l'apparition de nouveaux acteurs, les fonds d'investissement et les États, comme le Qatar. Tout ça fait qu'il est possible qu'on soit dans une nouvelle ère.

D'autant que, même au niveau des droits télévisés, de nouveaux supports entrent en jeu. Est-ce que la forme que prennent les abonnements est encore conforme avec les modèles de consommation d'aujourd'hui ? Regarder le football, ça ne passe plus forcément par allumer la télévision, c'est quelque chose qu'on regarde aussi sur tablettes ou téléphones. Et prendre un abonnement pour tout un championnat, est-ce que ça a un sens ou faut-il aller vers une formule à la carte ? Jean-Michel Aulas, le président de l'Olympique Lyonnais, avait même proposé, il n'y a pas longtemps, de créer un Spotify du foot. La Ligue n'a-t-elle pas intérêt à vendre elle-même les droits ? Est-ce que les GAFAM vont finir par investir dans le football ? C'est encore un peu timide, mais ils y mettent un pied. Même sur la propriété des clubs, il y a une prise de conscience des supporters : certains se demandent si on ne devrait pas s'inspirer du modèle allemand, le 50+1, une règle selon laquelle la majorité des parts d'un club doit appartenir à ses membres.

En quelque sorte, la Superligue a créé une prise de conscience ?

C'est possible. Mais d'une certaine façon : est-ce que la Superligue n'est pas dans l'ordre des choses ? Créer un championnat européen, est-ce vraiment si absurde ? Peut-être que dans le format qui a été présenté, ça l'était. La question que

je me pose c'est : est-ce que les gens n'en veulent pas sous cette forme ou n'en veulent-ils pas tout simplement ? On peut créer un championnat européen avec système de promotion et de relégation, à laquelle la culture européenne est très attachée. D'ailleurs, c'est en partie ce qui a choqué les supporters avec ce projet de Superligue. Mais dans les faits, il y a toujours plus d'inégalités dans les championnats. En quart de finale de la Ligue des Champions par exemple, on retrouve souvent les mêmes équipes.

Je pense que les amoureux du football sont très attachés à l'idée de surprise. Chaque année, il y a un club un peu inattendu qui se hisse en phases finales. Une fois, c'est l'Ajax d'Amsterdam, l'année d'après c'est l'Atalanta Bergame etc. Même si les petits clubs n'ont qu'une petite chance, au football, c'est possible. C'est lié à l'incertitude qui caractérise ce sport : il y a peu de buts dans un match, donc même le petit peut toujours l'emporter face à un gros club.

À l'image de JP Morgan qui était annoncé comme l'un des grands argentiers de la Superligue, les fonds d'investissement s'intéressent de plus en plus au football au point de racheter certains clubs (Toulouse, Bordeaux...). Quels intérêts ont-ils à investir dans le football ?

Ces nouveaux acteurs sont attirés par le profit, par le fait que, par exemple, plusieurs clubs anglais ont des marges bénéficiaires. Cette rentabilité est liée à l'inflation des droits télévisés et aussi à l'augmentation du prix des transferts, qui donnent l'espoir de réaliser des plus-values grâce au trading de joueurs.

Ces fonds d'investissement viennent avec une culture américaine, et donc, probablement, un point de vue biaisé. Ils ont certainement une méconnaissance de la nature et du fonctionnement du football européen. Aux États-Unis, vous avez des ligues fermées, pas de transfert, un *salary cap*... Les clubs américains dégagent des marges bénéficiaires, ce qui n'est pas toujours le cas dans le football européen. Jusque-là, les clubs ne faisaient d'ailleurs pas beaucoup de bénéfices. Il faut avoir en tête que le foot est un domaine économique particulier. Par exemple, tandis que les propriétaires de Manchester United se sont versés des centaines de millions de livres et ont peu investi, leur adversaire, Manchester City, a injecté plus d'un milliard de livres. Mais même si les fonds d'investissement tentent de gagner de l'argent avec ce sport, est-ce qu'ils y arriveront ? Rien n'est moins sûr.

L'idée d'une Superligue fermée, soutenue par des fonds d'investissement, montre que l'écosystème du football est en train de changer. Est-ce qu'il n'y a pas à craindre que le sport de demain soit régi uniquement par les intérêts

de ces fonds d'investissement et s'américanise ?

L'américanisation du football est un vrai problème. On parle beaucoup de *salary cap*, le fait de fixer une limite aux salaires, ce qui est un premier pas dans cette direction. L'idée de Superligue allait dans ce sens : pouvoir gérer les droits indépendamment, pourquoi pas mettre en place un *salary cap* et surtout, dégager des profits avec la limitation des salaires.

Tout cet intérêt est dû à la croissance de l'économie du foot : il commence à y avoir des sommes intéressantes, même si le foot reste encore un petit marché. Mais c'est un peu dommage. Pendant longtemps, les clubs arrivaient tout juste à l'équilibre. C'était une bonne chose ! Ne pas dégager de profit, ce n'était pas une finalité. Et en plus, cet argent profite aux footballeurs, aux salariés. Voir apparaître des acteurs qui ne veulent faire que de la rentabilité, ce n'est donc probablement pas une bonne chose.

Vous expliquez régulièrement que le football est l'un des rares domaines économiques dans lesquels la distribution de la richesse se fait en faveur des salariés.

Absolument et c'est plutôt positif. Quand on y pense, les footballeurs captent la rente au détriment de leurs propriétaires... ça a un côté Robin des Bois quand même ! Mais cela pourrait changer. On parle de plus en plus d'instaurer un *salary cap* comme aux États-Unis, avec une masse absolue de salaire qu'on ne peut pas dépasser. Si c'est une volonté des nouveaux propriétaires de limiter les salaires et de dégager des profits, moi, je ne suis pas sûr que ce soit bon pour ce sport, contrairement à ce que disent certains. Ce qui est ironique, c'est qu'aux États-Unis, la tendance, c'est d'y échapper de plus en plus quitte à prendre des amendes, en Europe c'est l'inverse, on est en train de discuter de son instauration.

Mais il ne faut pas oublier que les cinq ligues majeures européennes ne représentent que dix-sept milliards d'euros. Le poids économique du foot, ce n'est pas grand-chose. On en entend beaucoup parler parce que c'est très populaire, donc c'est une cible facile. Mais pourquoi vouloir réguler le milieu du foot et pas d'autres domaines, alors que, par exemple, la culture fonctionne sur le même schéma ?

Cette rengaine du « les joueurs sont trop payés pour courir après un ballon », on l'entend moins quand il s'agit d'artistes. On a l'impression que cette indignation vise largement le football et paradoxalement moins d'autres domaines considérés comme plus nobles. Est-ce qu'il n'y a pas là une forme de mépris pour le foot qui est par essence plutôt populaire ?

Il y a un mépris très très mal placé ! Le métier de footballeur, c'est pratiquement un modèle de méritocratie : c'est difficile d'y arriver, c'est un milieu avec beaucoup de mobilité sociale car les joueurs sont souvent d'origine modeste et ils sont soumis à une évaluation systématique à tous les matchs. En fonction de ces performances, vous êtes payés plus ou moins cher. On retrouve une critique de la part de la gauche, pour laquelle les footballeurs sont trop payés, et une autre, qui vient de la droite, où l'on estime avec un mépris de classe qu'un joueur est trop payé, mais que c'est normal quand il s'agit d'un patron.

Et puis il y a autre chose. On met vraiment la loupe sur les joueurs qui gagnent énormément d'argent, mais il ne faut pas exagérer. La moitié des footballeurs pro dans le monde gagnent moins de 1 000 euros par mois. Si l'on prend la Ligue 1, le salaire médian est autour de 35 000 à 40 000 euros et la durée moyenne de carrière est de cinq saisons. Si on multiplie tout ça, c'est évidemment beaucoup d'argent. Mais ce ne sont pas tous des Neymar !

Et cette omniprésence de l'argent dans le football, est-ce que c'est vraiment un fait si nouveau ?

Le foot business a toujours existé. L'expression « Football is the big business » date du début du siècle dernier. C'est quelque chose que l'on voit dans la série Netflix *The English game* qui raconte

> **« On retrouve une critique de gauche, pour laquelle les footballeurs sont trop payés, et une de droite, où l'on estime avec un mépris de classe qu'un joueur est trop payé, mais que c'est normal quand il s'agit d'un patron. »**
>
> Luc Arrondel

les origines du football et qui, sur certains points, est assez juste. Il y avait déjà de l'argent et des transferts quand ce sport s'est développé. Deux visions s'affrontaient : la vision aristocratique et le football populaire, pour qui gagner de l'argent pour pouvoir jouer était nécessaire et n'était pas quelque chose de sale.

Bien sûr, il y avait moins d'argent avant, mais il y en a toujours eu. L'inflation des droits télévisés et l'arrivée des milliardaires ont fait exploser les salaires. Mais les salaires ont toujours été l'un des principaux postes de dépense des clubs.

Comme ces salaires augmentent, les logiques marchandes sont de plus en plus poussées : places dans les stades de plus en plus chères, nouveaux logos au design minimaliste pour vendre plus d'objets dérivés.... Est-ce qu'avec la primauté de la sphère économique sur la sphère footballistique, les supporters ne sont pas dépossédés de leur club ?

Avec le football moderne, les vrais supporters se sont effectivement sentis dépossédés de leur club à cause de la valse des propriétaires, de joueurs qui ne sont plus recrutés localement, d'entraîneurs qui changent sans cesse... Avec ces problèmes d'identité, ces supporters se sentent un peu comme les seuls gardiens du temple. Leur revendication de vouloir une part dans la gouvernance des clubs n'est donc pas aberrante.

En Angleterre, on pointe souvent la gentrification des stades. La question est de savoir si on a exclu les classes populaires ou est-ce que la présence de classe moyenne est due à un enrichissement global de la population ? Ce qui est sûr, c'est qu'il y a une telle demande pour la Premier League, qu'ils peuvent se permettre d'augmenter les prix. Attention, on n'a pas assisté au même phénomène en Allemagne, chez qui les clubs ont maintenu les tribunes debout et ont mis en place une politique de tarification. Ailleurs, en France ou en Espagne, les stades ne sont pas tous pleins toute l'année, donc c'est un peu différent. Mais c'est aussi ce qui caractérise la période post-moderne du foot : les clubs s'intéressent à d'autres publics. On globalise : on essaie d'aller vers d'autres marchés comme l'Asie ou les États-Unis... On le voit avec le City Group qui possède Manchester City, la stratégie, c'est d'avoir un marché global.

En avril, le fonds d'investissement américain King Street a d'ailleurs brutalement lâché les Girondins de Bordeaux, dont il était propriétaire, ce qui fait planer la peur que le club soit rétrogradé, voire même dissous. Doit-on craindre que des clubs disparaissent à l'avenir ?

En général, un club de foot ne meurt jamais. Même s'ils ont parfois des difficultés, la plupart des équipes sont centenaires. Les clubs de foot sont les entreprises les plus durables qui soient. Mais l'arrivée de nouveaux acteurs qui ne viennent pas pour injecter de l'argent dans un club, mais pour faire du profit à travers le foot, ça change la donne. Si vous venez dans le foot pour faire du rendement, le risque, c'est de lâcher l'actif quand ça ne marche pas et d'ailleurs, c'est exactement ce qu'il s'est passé avec Bordeaux.

N'y a-t-il pas un risque que le marché finisse par dicter ses règles ?

Si le football est universel, c'est que c'est un sport simple et ça explique son succès. Aujourd'hui, des présidents de clubs proposent de raccourcir les matchs ou que les buts en dehors de la surface comptent double. Ce risque est donc réel. L'une des premières étapes de ces changements, c'est l'introduction de l'arbitrage vidéo. Qui était en faveur de cette évolution ? Les présidents de clubs, car ils voulaient réduire l'incertitude et les erreurs. Alors qu'au final, ça ne les réduit pas. À mon avis, ça déplace ces erreurs. C'est pour ça que je vois plutôt d'un bon œil le fait que les clubs n'aient pas fait gagner beaucoup d'argent à leurs propriétaires jusque-là. Le risque avec ces fonds d'investissement, c'est qu'on aille vers une américanisation du football. ● PROPOS RECUEILLIS PAR VB

Les logos
Symboles du football du monde d'après

Un « J » épuré pour la Juventus de Turin, un grand « N » pour le FC Nantes, un S et R entremêlés pour le Stade de Reims. Les refontes de logo se suivent et les rendus se ressemblent. Normal : ces changements répondent à une logique commerciale, qui privilégie l'esthétique et le marketing à la tradition.

PAR VINCENT BRESSON – ILLUSTRATION DE VICTOR CARPENTIER

Garants de l'histoire et des symboles d'un club de football, les logos vivent leur grande révolution. Les uns après les autres, ils passent dans la grande moulinette du marketing. À l'arrivée, ils sortent le plus souvent broyés, dépossédés des atours qui faisaient leur charme et leur sens. Prenons le FC Nantes. Club mythique du paysage footballistique français, les « Canaris » ont opté pour une refonte de leur écusson en 2019. Exit le bateau, les huit étoiles et les cinq queues d'hermine, autant de symboles rappelant la grandeur portuaire de la ville, ainsi que ses huit titres de champion de France. Les supporters y étaient pourtant attachés, car ce logo était considéré comme l'un des plus réussis : « *On en a eu des moches pendant longtemps, dont un simple rond avec une vague verte. Donc les supporters étaient globalement hypercontents en 2007 quand le président du club, Waldemar Kita, a décidé de revenir à quelque chose de plus traditionnel, dans le style de celui de Barcelone* », explique Arthur, supporter Nantais de 25 ans. Mais depuis la refonte de 2019, place à un design minimaliste : un N stylisé et une seule queue d'hermine. C'est beau, c'est simple, c'est propre et sans bavure. Et pourtant ce nouveau logo n'a pas fait l'unanimité au sein des supporters des jaunes et verts qui l'ont en grande partie rejeté. Les Nantais ont du mal à adopter ce « N » stylisé, joli mais pauvre en histoire, et surtout, ils se désolent du fait que le club n'ait pas demandé aux supporters leurs avis avant d'opter pour ce changement. « *Ça serait la moindre des choses, mais ils sont rarement consultés dans ce genre de cas* », se désole Arthur.

À quelques kilomètres de là, une autre ville portuaire n'a toujours pas digéré les changements apportés à l'été 2020. Sur leur logo, les Girondins de Bordeaux sont devenus les « Bordeaux

Girondins ». Là aussi, les symboles traditionnels de la ville ont été balayés : les trois croissants entrelacés, emblème du port dans les armoiries bordelaises, ont été chassés pour faire de la place au nom « Bordeaux », bien plus gros qu'auparavant. « *On a perdu les croissants, mais on a gardé notre scapulaire,* résume Martin, supporter des Girondins. *C'était malheureusement conforme aux attentes qu'on pouvait avoir sur la question. On savait qu'il y allait avoir un changement.* » Il aurait préféré lui aussi que les instances du club consultent les supporters ou a minima les ultras, qu'il juge particulièrement légitimes sur la question. Comme pour Nantes, ce changement conduit par la direction a été réalisé sans l'aval des aficionados de Bordeaux. Une stratégie qui se retourne parfois contre le club, comme en 2017 lorsque Nîmes a modifié son écusson... avant de revenir sur sa décision après le boycott des ultras.

La marque plus forte que la tradition ?

Les clubs changent régulièrement de logo. Rien de nouveau sous le soleil. Et ce n'est d'ailleurs pas le problème. « *C'est normal de changer, ce n'est pas choquant,* insiste Martin. *On a eu de beaux logos et des moins réussis. Ce qui change, c'est l'arrivée de logos design et conceptuels. Sur ce point, on a été épargné pour le moment.* » Bordeaux a évité le minimalisme, mais pas la dépossession progressive de ses symboles. En changeant de logo pour les 80 ans du club en 2017, Toulouse, le rival du derby de la Garonne, est l'un des rares à avoir pris le contrepied. Les « pitchounes » ont jeté leur morne « TFC » orné de bandes blanches et violettes pour renouer avec un écusson inspiré des symboles de la ville : la basilique Saint-Sernin, le château Narbonnais et la croix occitane. « *Toulouse a pris le meilleur virage possible,* estime Arthur Champolion, designer qui travaille depuis huit ans dans le foot. *Jusque-là, ce n'était vraiment pas terrible. Et aujourd'hui, ils ont un des plus beaux logos de France, un logo qui n'est pas là pour vendre autre chose que des joueurs sur un terrain.* »

S'il reste des exceptions, la primauté du marketing sur l'histoire des équipes est la nouvelle règle. Et Bordeaux suit le mouvement, même si les Girondins ont évité un « B » stylisé version Nantes ou Juventus. Avec le dernier changement de logo, le nom de la ville a été marqué en gros et ce n'est pas un hasard. Le but affiché par la direction : miser sur la marque « Bordeaux » pour attirer les touristes, les investisseurs et donner de l'attractivité au club. C'est en suivant la même logique que le Paris Saint-Germain a changé de logo en 2013. Au programme de cette évolution : disparition du berceau de Louis XIV et agrandissement du mot « Paris ». Tout est bon pour vendre un club à l'international.

S'il reste des exceptions, la primauté du marketing sur l'histoire des équipes est la nouvelle règle.

L'argent, roi du sport roi

Le football est un marché en pleine expansion. L'image la plus parlante de sa croissance reste le transfert de Neymar au PSG en 2017 pour 222 millions d'euros. Une somme mirobolante mais pas totalement irrationnelle d'un point de vue purement économique : un joueur de cette stature apporte de nouveaux contrats de sponsoring, des ventes de maillot accrues, de nouveaux supporters, une plus grande visibilité à la ligue française et, normalement, des victoires. Pour pouvoir se payer des stars ou des joueurs prometteurs, les clubs se mettent donc à jouer à plein régime le jeu du marché. Les écussons ne sont qu'un petit détail de la primauté de la sphère économique sur la sphère sportive. Mais un détail très signifiant : « *Tous ces changements de logos trahissent les intentions des dirigeants : créer un modèle de marque d'entreprise avec un côté lifestyle,* raille Arthur Champollion. *Ce qui intéresse les clubs, ce sont les nouveaux marchés à conquérir, comme le marché asiatique, où les grands clubs font une partie de leur tournée d'été. C'est le foot de demain : on enlève la partie historique pour des raisons économiques.* »

Reste une question : pourquoi virer les symboles au profit d'un contenu plus épuré serait plus attractif ? « *Le côté minimaliste ? Son utilité c'est de permettre de vendre plus de produits dérivés ! Un petit « J » pour la Juventus, ça permet d'*éviter le triptyque merguez, bière, foot », ironise le designer. Et pour les classes populaires, il restera toujours des merguez aux abords des stades.

Ne dites pas de Gino qu'il fut un héros

Alors que certains sportifs font aujourd'hui étalage de leurs œuvres de bienfaisance pour soigner leur communication, le champion de cyclisme Gino Bartali – dit « Gino le pieux » – avait au contraire passé sa vie à refuser de parler de son rôle pendant la seconde guerre mondiale : sauveur de juifs.

PAR ANTONIN GOUZE – ILLUSTRATION DE BENDO

Sous l'occupation allemande de l'Italie, Julia Baquis, une petite fille juive, se cache avec sa famille chez deux sœurs en Toscane. Un soir, un cycliste se présente pour remettre un paquet aux Baquis. La propriétaire des lieux craint d'avoir affaire à un collaborateur, prétend ne jamais avoir entendu parler de cette famille, et l'homme s'en va.

Cet homme n'était autre que Gino Bartali, l'un des plus grands cyclistes de tous les temps, qui entre fin 1943 et fin 1944, alors au sommet de sa popularité, fut messager clandestin pour le sauvetage des juifs d'Italie. Cette histoire ne sera connue que soixante-dix ans plus tard, en juillet 2013, lors du témoignage de Julia Baquis au mémorial de Yad Vashem, lorsque Bartali recevra le titre de « juste parmi les nations », treize ans après sa mort.

Un engagement tenu secret

C'est que l'homme était plutôt taiseux, en particulier lorsqu'il s'agissait de parler de son rôle pendant la guerre. Des rumeurs couraient, des bribes d'informations circulaient, mais lui-même ne pipait mot sur cette période. À son épouse, alors qu'il partait en vélo remettre des messages pour la résistance, il faisait croire à « *une longue sortie d'entraînement* ». Avec ses enfants, plus tard, il se montrait évasif, se contentant d'évoquer des missions secrètes effectuées à vélo, sans s'attarder sur leur contenu.

Pourtant, Gino Bartali effectua au total une quarantaine d'aller-retours entre Florence et Assise, sur des routes surveillées par la Wehrmacht. Sa mission ? Récupérer des documents nécessaires à la réalisation de faux papiers et d'en assurer la redistribution, afin de permettre aux juifs recherchés de passer en pays libres. Il accomplissait évidemment son devoir à vélo, sous couvert d'entraînement, en transportant les documents dissimulés dans le cadre de son engin, au niveau de la selle ou de la potence du guidon.

Plusieurs fois, le champion faillit se faire attraper par l'occupant allemand lors d'un contrôle, pendant l'une de ses missions. Mais il fut souvent sauvé par sa notoriété : il se trouvait toujours un soldat passionné de cyclisme, trop heureux de rencontrer le champion et de lui demander un autographe. Il passa cependant tout près de se faire prendre en juillet 1944, lorsqu'une milice collaborationniste italienne l'arrêta, ayant intercepté une lettre à son attention en provenance du Vatican. Les fascistes savaient que Gino Bartali était très religieux – il était surnommé « Gino le pieux » – et se méfiaient du réseau catholique résistant. Il fut interrogé de manière musclée, puis relâché.

L'antifasciste catholique

Si Bartali est entré en résistance à l'automne 1943, c'est en raison de son engagement catholique. En effet, c'est au sein de la Delasem (Délégation d'Aide aux émigrants juifs) – réseau catholique orchestré clandestinement par l'archevêque de Florence, le cardinal Elia Dalla Costa – qu'il s'engagea à la demande de ce dernier. L'archevêque le surnommait d'ailleurs le « facteur de la liberté ». La foi de Gino Bartali, connue de tous, était un parfait prétexte pour justifier ses visites fréquentes au sein de l'immense réseau de couvents et de monastères qui s'était organisé en Toscane, en Ligurie et en Ombrie.

L'antifascisme de Bartali était aussi connu depuis longtemps : il avait eu l'occasion de le montrer. En 1938, l'équipe italienne de foot avait remporté la Coupe du monde. Un mois plus tard, Bartali remportait le Tour de France pour la première fois. Et alors que les footballeurs durent effectuer le salut romain adopté par les fascistes, Gino, lors de sa présentation à la foule, se contenta d'un signe de croix. Il jeta même au fond du fleuve Arno la médaille du mérite que lui avait remis Mussolini, puis se rendit à la basilique Notre-Dame-des-Victoires pour y déposer

une gerbe au pied de la statue de sainte Thérèse. C'est l'année de cette première victoire de Bartali sur le Tour de France que furent proclamées les premières lois anti-juives en Italie, cinq ans avant qu'il n'entre en résistance.

L'humilité d'un champion

À la Libération, sans que personne ne soit au courant de la double vie qu'il avait menée pendant la guerre, Bartali reprend sa vie de champion. En 1948, il remporte à nouveau le Tour de France, dix ans après son premier sacre sur la Grande Boucle : une performance jamais réitérée depuis. Cette victoire, symbole de l'abnégation de Bartali, revêt une saveur supplémentaire lorsque l'on sait dans quel contexte elle intervient.

En plein Tour de France 1948, l'Italie est le théâtre d'affrontements violents, après que le leader communiste Palmiro Togliatti a reçu trois balles de revolver de la part d'un jeune néo-fasciste. Le chef de l'État, Alcide de Gasperi, téléphone alors à Bartali et lui conjure de gagner le Tour : « L'Italie a besoin de bonnes nouvelles », lui dit-il. Après sa prière traditionnelle du matin à l'Église du village étape, et malgré un retard de plus de 20 minutes sur le premier au classement, Bartali s'imposera avec dix-neuf minutes d'avance ce jour-là. Ce qui lui permettra, quelques jours plus tard, de soulever le trophée du vainqueur.

Malgré ses actes de bravoure et ses 184 victoires professionnelles en carrière – parmi lesquelles deux Tours de France, trois Tours d'Italie, quatre Milan – Sanremo ou encore trois Tours de Lombardie – Bartali refusa toujours d'être considéré comme un héros, jusqu'à sa mort en 2000, à 85 ans. À l'une des rares occasions où il accepta de répondre à des questions sur son rôle durant la guerre, « Gino le pieux » déclara : « *Le Bien doit être accompli dans la discrétion. Si on le divulgue, il perd de sa valeur car c'est comme si on voulait tirer bénéfice de la souffrance d'autrui. Il y a des médailles qu'on accroche à son âme et qui compteront dans le royaume des Cieux. Pas sur cette terre.* »

Vendée Globe
L'écologie vous mène-t-elle en bateau ?

Vous êtes des millions à avoir « suivi » le Vendée Globe cet hiver. Bien calés dans un canapé, vous avez vogué en solitaire sur les vastes flots d'Internet pour un tour de l'Antarctique sans escale et sans assistance – et sans trop vous mouiller.

PAR EUÉGNIE LE QUÉRÉ – ILLUSTRATIONS DE CAMILLE PATUREAU

Lorsque Bernard Moitessier s'élance, en 1968, dans le *Golden Globe*, ancêtre du Vendée Globe, c'est avec des sentiments ambigus. « *Avant le départ de Toulon en direction de Plymouth, j'étais très monté contre le* Sunday Times *qui avait décidé "d'organiser" une régate pour solitaires autour du monde et sans escale, avec de l'argent pour récompense. [...] Nous avons décidé de conduire nos bateaux à Plymouth pour pouvoir, le ciel aidant, rafler l'un de ces prix [...] sans pour autant risquer de perdre notre liberté, puisque le règlement ne précisait pas qu'on devait dire merci.* » (*La Longue Route*, Bernard Moitessier, Arthaud, 1986)

« *On vous fait cadeau de tout ça, on ne vous demande rien en échange* », s'entend dire Bernard Moitessier par l'équipe du journal britannique qui lui propose un appareil et des pellicules photo. Il refuse d'embarquer la volumineuse radio qu'on lui offre ; c'est au lance-pierre qu'il enverra ses rares messages, au hasard des rencontres maritimes.

Dire merci, ce n'est toujours pas dans le règlement de course, mais les participants du Vendée Globe 2020 sont loin d'être aussi ombrageux que leur illustre prédécesseur. Au vu des centaines de vidéos sur VendéeGlobeTV, ils ne sont pas avares de communication. Courage, angoisse, humour, confidences, joies et larmes : il y en a pour tous les goûts. *Merci*, c'est même le nom de l'un des bateaux, celui de Sébastien Destremau. « *Je veux donner du sens et du cœur à l'aventure* » (Cité par le *New York Times* du 13/8/2019), affirme le skipper, dont les déboires ont ému un

large public. Destremau aime évoquer son engagement en écologie, son projet se veut neutre en carbone : « *si on commençait par dire merci à la planète ?* ».

Plus écolo tu coules

Nombreux étaient les concurrents du Vendée Globe 2020 à afficher leur préoccupation écologique. Stéphane Le Diraison, dont le bateau se nomme « Time for Oceans » se décrit comme un « *citoyen responsable et engagé pour les océans, [...] combattant pour porter ce message qui m'est cher* ». Pour Didac Costa, naviguant à bord de « One Planet One Ocean », le Vendée Globe est « *une opportunité d'encourager tous les amoureux de la mer à s'engager pour la durabilité* ». Armel Tripon, dont le bateau porte le nom de la marque de cosmétiques L'Occitane, affirme que lui et son sponsor « *ont décidé de s'associer et d'allier leur force pour relever un défi écologique vital pour la planète. Il s'agit pour eux de mettre leur notoriété et leurs compétences au service des océans. Ensemble, réduisons nos déchets* ». Fabrice Amedeo participe à un programme de cartographie des microplastiques : « *l'enjeu de cette pollution des océans est d'une telle urgence que je n'ai pas hésité une seconde* ». Kevin Escoffier arbore, aux côtés des logos de l'entreprise d'enduits et revêtements PRB, celui du WWF : « *je suis fier de profiter de mon tour du monde pour sensibiliser à la protection de notre planète. Ce panda, à l'étrave de mon bateau, donne beaucoup de sens au projet* ».

Il serait plus rapide d'énumérer les navigateurs ayant fait l'impasse sur l'écologie, cette nouvelle figure imposée des pontons de course. Mais citons encore Boris Herrmann, qui « *se définit comme un militant convaincu de l'environnement* ». Il navigue sur un bateau conçu pour se passer de moteur diesel : « *c'est un beau symbole d'essayer de boucler un tour du monde sans utiliser une goutte de gasoil* ». Ce même Boris Herrmann et ce même bateau avaient, en 2019, emmené Greta Thunberg à New York. « *J'ai décidé de traverser à la voile pour montrer comme il est impossible de vivre de façon durable dans notre société* » (Cité par *Tip & Shaft*, 4/4/2018). Là où six heures d'avion, champagne inclus, auraient suffit, Greta Thunberg passe deux semaines à la voile, dans des conditions proches de celles des concurrents du Vendée Globe : les secousses et le bruit permanent, sans sanitaires ni chauffage, un réchaud pour toute cuisine, et l'énergie rationnée au gré du soleil et du vent. Voilà qui donne un aperçu de l'immense et cruel décalage entre le monde tel qu'il va, et ce que serait une société écologique apte à enrayer la destruction du monde naturel. Sur le ponton attend une horde captivée par la blonde icône du climat sur son voilier, un bijou high-tech qui a coûté 4 millions d'euros à son armateur, l'héritier Rothschild. Les détracteurs de Greta Thunberg ne se font pas prier pour pointer l'ironie : l'écologie est-elle, comme un voilier Imoca, un produit de luxe et un miroir aux alouettes médiatique ?

Les détracteurs de Greta Thunberg ne se font pas prier pour pointer l'ironie : l'écologie est-elle, comme un voilier Imoca, un produit de luxe et un miroir aux alouettes médiatique ?

Qui veut faire du bateau doit se faire bateleur

Les concurrents qui prennent le départ d'une course au large sont déjà tous les vainqueurs d'une épreuve féroce, celle de rassembler le budget. Il ne suffit pas qu'un marin décide de courir le Vendée Globe : ce sont les financeurs qui choisissent les partants. Restent à quai, à chaque édition, des dizaines de postulants valeureux qui n'ont pas su séduire les portefeuilles. Ces bateaux carburent au vent et au buzz, car le modèle économique, ce qui motive les sponsors, c'est la communication.

Les marins sont donc des entrepreneurs au service de financeurs en quête d'image et de contact. Pour Alex Thomson, skipper aux couleurs de Hugo Boss, « *la décision de sponsoriser le projet est purement commerciale, elle est basée sur le retour sur investissement* » (Cité par *Tip & Shaft*, 4/4/2018). Le navigateur emploie 16 personnes, dont 10 dédiées au marketing et à la communication : « *nous sommes plus une marketing company qu'une sailing company* ». Charal, leader français de la viande de bœuf et sponsor de Jérémie Beyou, veut « *une manière différente de s'adresser au consommateur* » (Cité par *La Tribune*, 20/8/2019). « *Jérémie, il est vrai, il est brut, ça va bien avec la marque !* », se réjouit la directrice du marketing. La pertinence d'un investissement voile se mesure en équivalent-espace-publicitaire, et pour se l'offrir, Charal a simplement rogné deux campagnes de spots télé.

« *On ne met pas simplement de l'argent pour être vus, mais pour pouvoir écrire et raconter une histoire* » (Cité par *Le Parisien*, 28/10/2018), souligne Thierry Bouvard, directeur du sponsoring de Banque Populaire. « *Ce qui est motivant pour un sponsor sur le Vendée Globe, c'est le récit fantastique que nous livrent ces marins* » (Entretien à *Tip & Shaft* le 7/7/2020). Le navigateur se fait personnage, il met en scène une version stylisée de lui-même qui le distingue aux yeux du public, et colle à une ligne éditoriale négociée avec les sponsors. Une communication qui dérape peut plomber une carrière sportive, et s'ils cultivent un aspect bourru ou des airs de spontanéité, cela fait partie du spectacle : ces marins sont des professionnels de l'image aux réflexes affûtés.

Peu de temps après son arrivée triomphale, Yannick Bestaven, vainqueur de cette édition et sponsorisé par le volail-

ler industriel Maître Coq, fait face aux questions gênantes de Laurent Ruquier sur les conditions d'élevage des poulets. Il réplique sobrement : « *Je ne vais pas rentrer dans le débat de l'élevage intensif. Ce que je sais, en tant que petit-fils d'agriculteurs, c'est que l'on n'a pas beaucoup de solutions pour nourrir la planète. Si chacun devait élever ses poulets chez soi, ça serait compliqué* ». Du travail maîtrisé : Maître Coq, dont l'objectif sur le Vendée Globe est de « *gagner en notoriété de la marque pour le référencement dans les grandes et moyennes surfaces* » (Christophe Guyoni, DG de Maitre Coq, entretien au *Télégramme* le 10/1/2021), n'a certes pas jeté son argent par les hublots.

La pertinence d'un investissement voile se mesure en équivalent-espace-publicitaire, et pour se l'offrir, Charal a simplement rogné deux campagnes de spots télé.

Dans la voile, suivre le vent, ça les connaît. « *Le rapport à l'environnement, à la préservation du milieu marin, intéressent de plus en plus de médias et c'est tant mieux* » (Entretien à *Tip & Shaft* le 7/7/2020) se félicite le directeur sponsoring de Banque Populaire. L'écologie est un ressort narratif comme un autre, et bien dans l'air du temps, pour embarquer les foules – à condition de respecter les impératifs du format publicitaire. Elle sera donc calibrée pour le supermarché, pleine de bons sentiments et de solutions faciles.

« *Je n'ai pas le mépris de l'argent, j'ai le mépris de ce qu'il faut faire pour en avoir* », disait Bernard Moitessier. Après le cap Horn, il plaque la course et ses récompenses, tourne le dos à l'Europe et à sa famille, pour une vie de vagabondage océanique sans amarres et sans compromis, avec son lance-pierre et son crayon. « *Oublier totalement la Terre, ses villes impitoyables, ses foules sans regard... Là-bas... si un marchand pouvait éteindre les étoiles pour que ses panneaux publicitaires se voient mieux dans la nuit, peut-être le ferait-il.* »(*La Longue Route*) Aujourd'hui les marchands paient des *stars* pour éclipser les étoiles.

Surfer sur la vague verte

Il reste à écouter les marins quand ils se parlent entre eux, loin de leur public et de leurs partenaires. Des Sables à Concarneau, la conversation sur l'écologie est lancinante, car ils sont nombreux à avoir une vive conscience de la fragilité du monde et des absurdités de notre mode de vie. Du large, ils ramènent le témoignage d'un certain envers du décor, cet océan qui absorbe nos outrages « *comme un grand tapis sous lequel on cache la poussière* », selon le mot de Roland Jourdain, et leur inquiétude dépasse la mise en scène.

« *La Terre n'est pas si grande que ça. Mon bateau va à la vitesse d'une mobylette, en trois mois j'en ai fait le tour. Jusqu'au milieu du Pacifique, j'ai vu des bidons de lessive et des barils de pétrole* », se désole Clarisse Crémer, skipper aux couleurs de Banque Populaire. « *Pendant des semaines tu vis avec rien, 60 litres d'eau et une lampe frontale* », raconte Stan Thuret de son expérience de Mini Transat. « *L'électricité est en 12 volts, tu comptes toutes tes consommations. Tu prends conscience de l'énergie pour les appareils. Puis tu rentres en France, et c'est la période des fêtes, il y a les vitrines, les lumières partout. Le décalage est énorme avec la simplicité du bateau. On se rend compte du délire dans lequel on vit, de tout le superflu, le gaspillage. Rentré chez moi, ça m'est arrivé de remettre ma lampe frontale, et de me dire que ça pourrait suffire.* »

Stan Thuret est l'un des initiateurs du collectif « La Vague », qui souhaite rassembler tous les professionnels pour une course au large plus écologique. La Vague a fait sauter des digues et libéré la parole des marins sur les impacts de leur activité. Car si le bateau bénéficie d'une solide image verte, la voile hauturière est pourtant à l'image du reste de notre économie : un festival de carbone et de métal, d'objets à usage unique et de mobilité frénétique. Les bateaux sont en matériaux composites, de très polluants dérivés du pétrole. Aux arrivées prestigieuses, tout un petit monde traverse l'Atlantique pour quelques jours de villégiature tropicale. Les vertueux voiliers sont escortés d'une flotte de moteurs, camions et avions. Parfois, ils empalent des baleines. Le débit de vidéos est en croissance exponentielle. L'esprit de compétition règne, la performance est une obsession, le matériel sans cesse renouvelé pour suivre les innovations. « *On ne se met aucune limite, il faut gagner et tout est permis* », soupire Stan Thuret. « *Et tout ça pour un jeu, un loisir de privilégiés...* »

« *Les impacts sont peu connus, on les censure parce que ça vient entacher les valeurs que la course au large incarne. Ce flou permet de continuer à faire comme si de rien n'était* », analyse une participante de La Vague. Se lancer dans l'auto-critique, c'est déjà aller à rebours de la communication professionnelle, qui n'instruit jamais qu'à décharge. « *On me dit parfois qu'on est en train de scier la branche sur laquelle on est assis, parce qu'en parlant du négatif on donne une mauvaise image de la course au large* » confirme Stan Thuret. « *Mais je ne suis pas convaincu. La société change.* »

Aux ateliers de La Vague, les débats reflètent toutes les nuances et les contradictions de l'écologie, et les idées se bousculent. Bateaux en fibres végétales, recyclables, ou étiquetés d'un handicap-carbone ? Équipes « à mission », qui communiquent pour une cause plutôt qu'un sponsor ? Courses cargo, avec transport de fret, pour préfigurer le retour de la voile marchande ? Pour Stan Thuret, « *il faut se demander quelle histoire on raconte, et pourquoi ; créer de nouveaux*

Les marins sont nombreux à avoir une vive conscience de la fragilité du monde et des absurdités de notre mode de vie. Du large, ils ramènent le témoignage d'un certain envers du décor, cet océan qui absorbe nos outrages.

imaginaires écologiques. Le mec qui veut aller toujours plus vite, il est ringard. C'est en se fixant des limites, un cadre, qu'on est créatif ». Toutefois, si les nouvelles histoires sont soumises aux sélectionneurs habituels, l'image et l'argent, il est à craindre que les lauréates soient expurgées de tout élément subversif. Comment faire autrement ? On ne mord pas la main qui nourrit : « *rien ne se fera sans les sponsors, l'enjeu est de les embarquer là-dedans.* » Certains s'agacent de propositions trop centrées sur la séduction commerciale : « *La Vague n'a encore rien fait qu'elle s'étale déjà dans les médias... C'est quoi l'objectif, attirer plus de sponsors ? Il faut du concret, pas du symbole.* »

La voile est un sport cérébral, plein de calculs, d'options techniques et de paramètres à optimiser. Les marins transposent facilement à l'écologie : le gazole est-il pire que le photovoltaïque, vu la durée de vie très réduite des panneaux solaires soumis à la fureur des mers australes ? Quels sont les méfaits comparés des drapeaux en polyester et des autocollants en polyvinyle ? Les gadgets publicitaires, les couverts de la cafeteria, doivent-ils être en bambou ? Cette approche a le mérite d'ouvrir une démarche progressive, faite de changements incrémentaux. Pourtant elle est sans horizon, car la course ayant le moindre impact, c'est toujours celle qui n'a pas lieu. « *Et tout ça pour faire de la pub à des boîtes et des produits qui détruisent la planète...* » L'angoisse est réelle : « *le plus sérieux, ce serait peut-être de tout arrêter...* »

Se saborder pour la planète, et pour l'exemple ?

Mais ce sérieux serait celui d'un misanthrope, irrécupérable comme un financier ou un publicitaire. L'analyse par les impacts est une balance amputée d'un plateau, tombant comme un couperet. C'est l'accusateur de nos frères, aveugle à toute beauté, insensible à la joie des départs et des retours, méprisant toute œuvre humaine, sourd à la rumeur fabu-

leuse des tempêtes et aux récits de sauvetages, de Cap Horn et d'albatros.

> Quelle profusion dans tes œuvres, Seigneur !
>
> Tout cela ta sagesse l'a fait ; la Terre s'emplit de tes biens.
>
> Voici l'immensité de la mer, son grouillement innombrable d'animaux grands et petits,
>
> Ses bateaux qui voyagent, et Léviathan que tu fis pour qu'il serve à tes jeux.

Le tort de notre époque industrieuse, c'est sans doute que nous ne jouons pas assez. Est-ce l'insouciance qui nous fait dévorer le monde jusqu'à la ruine ? Non, c'est le sérieux, le calcul, le souci insatiable de nos intérêts et de nos concurrents. Si la révolution écologique consiste à ajouter des calculs d'impact aux calculs de rentabilité, et des bilans carbone aux bilans comptables, elle sera soit dérisoire, soit suicidaire. Après tout, la simple étourderie pourrait venir à bout des tours et des aéroports ; la désinvolture suffire à vider supermarchés et entrepôts.

Les navigateurs se demandent à quoi ils servent, et comment justifier leurs impacts, mais c'est le témoignage d'une joyeuse futilité qui est leur contribution la plus précieuse. Parce que la Terre est belle et baignée d'amour, nous lançons autour du monde des guirlandes de nos plus beaux navires, comme on jette des jouets à voile au travers d'un étang, pour la beauté du geste et pour faire rêver les enfants. Toutes les sciences et les arts, tout le travail et le génie du peuple littoral, tous les efforts, l'endurance inouïe de nos émissaires maritimes, tout cela trouve sa gloire à être lancé au large, jeté comme une bouteille à la mer, adressée à Dieu sait qui. Nous sommes ici-bas pour faire sourire le ciel, et rien de plus. *« Nous, navigateurs, on ne nous dit pas bravo, on nous dit merci, et c'est tellement beau. »* (Loïc Peyron, entretien au *Monde* du 8/11/2020)

Encombré de ses budgets mégalomanes, de ses équivalents-espaces-publicitaires, et de ses éléments de langage contractuels, étouffé de performances et de retombées économiques, le Vendée Globe a besoin du coup de frais d'une belle Vague, pour le rendre à l'insouciance du lance-pierre et du crayon.

Les jeux de la fin

Les histoires font le monde, et leurs personnages nous habitent. L'auteur de *Hunger Games* eut l'idée de son roman un soir de télévision morne, zappant entre télé-réalité et images de la guerre d'Irak. Elle aurait été aussi bien inspirée par le Vendée Globe, épreuve de survivalisme et de séduction, entre mers hostiles et réseaux sociaux.

Des enfants gladiateurs s'affrontent à mort dans une jungle piégée, tout en courtisant l'audience fortunée dont la faveur est indispensable à leur survie. Organisé par une dictature décadente et virtuose de l'image, le « jeu » monstrueux sert au contrôle des masses, par le spectacle de la complicité forcée des combattants. Mais, est-ce la pureté, la ruse ? La foi ou la colère ? Un concours de circonstance, ou un redoublement de mise en scène ? La jeune héroïne transperce le dispositif dont elle devait être le pion, déjoue le scénario, crève l'écran, et soulève une révolution.

Pourtant la révolution a ses ambiguïtés, et, elle aussi, doit gagner les foules. La caméra et la propagande se retournent, Katniss Everdeen, héroïne d'*Hunger Games* change de camp sans changer de costume – ou peut-être l'inverse ? – jusqu'à perdre la boussole.

> *« - Tout le pays s'est assis pour regarder.*
>
> *- C'est ce qu'ils font le mieux. »*

Jouez, marins, héros du grand large et de la société du spectacle ; jouez bien, car il nous faut une révolution. ELQ

DEMAIN J'ARRÊTE...

De plus en plus de sportifs utilisent des outils connectés lorsqu'ils partent courir ou rouler. S'ils paraissent séduisants, ces technologies peuvent mener à l'obsession de la performance, au détriment de la contemplation des lieux traversés. Pourquoi alors ne pas préférer la marche ?

PAR ANTONIN GOUZE

J'ARRÊTE...

« Tu fais combien de minutes au kilomètre, toi ? », « C'est quoi ta fréquence cardiaque pendant tes sorties ? », « J'ai fait mon meilleur chrono de l'année entre chez moi et chez Juliette ! ». Si vous avez déjà entendu ces phrases – ou si vous les prononcez vous-même – c'est sûrement que vous ou vos amis utilisez une application sur smartphone pour mesurer vos performances sportives. Ça craint. Sur l'une des plus connues d'entre elles, la liste des possibilités offertes qui s'affiche sur l'écran d'accueil pourrait être dressée par le DRH de votre entreprise : « Découvrez toutes les méthodes d'analyse de votre performance », « Restez motivés, trouvez l'inspiration », « Relevez des challenges, « Rivalisez »...

Loin de nous l'idée de vouloir empêcher nos chers lecteurs de faire du sport, de s'entretenir, voire de se dépasser. Mais voulez-vous vraiment mesurer vos performances durant vos loisirs de la même manière que votre employeur évalue vos performances au travail ? Voulez-vous vraiment établir des « records » au point d'oublier de prendre du plaisir ? Voulez-vous à ce point aller vite que vous n'allez plus profiter des paysages que vous traversez ?

D'autant qu'il y a de grandes chances pour que votre entourage n'ait pas grand-chose à faire des quinze indicateurs chiffrés permettant d'analyser en détail votre dernière sortie vélo. Tout juste se fendront-ils d'un : « Eh bas dis-donc, impressionnant ! » pour vous donner l'impression que vous ne faites pas ça pour rien. Demain, j'arrête le sport connecté et je recommence à regarder autour de moi.

Anders Nielsen – Unsplash

JE COMMENCE LA RANDONNÉE

Il y a en France 345 chemins de grande randonnées – les fameux GR – répartis sur tout le territoire. Le GR 34 longe toute la côte bretonne, le GR 70 vous emmène sur les traces de Robert Louis Stevenson dans les Cévennes, le GR 120 vous fera découvrir la côte d'Opale dans le Nord, et le GR 65 vous emmènera jusqu'à Saint-Jacques de Compostelle. Où que vous habitiez, vous avez donc près de chez vous la possibilité de découvrir les plus beaux endroits de notre pays. Les sentiers sont très bien balisés et entretenus par la Fédération Française de Randonnée Pédestre (FFRP) depuis 1947.

Pour vous guider, si vous ne faites pas confiance au balisage, la FFRP édite pour chaque chemin un « Topoguide » sur lequel figurent des cartes détaillées avec les chemins à emprunter, les points d'eau accessibles, ainsi que des informations sur la faune et la flore des lieux que vous traversez. Car seul le rythme de la marche à pied vous permet d'observer attentivement votre environnement, et non pas de le traverser comme une fusée, les yeux rivés sur un compteur de vitesse, comme en bagnole.

Ecouter les oiseaux, surprendre un animal en plein déjeuner, commencer un herbier... autant d'expériences difficiles à vivre lorsqu'on ne fait que prêter attention à sa pulsation cardiaque. En randonnée, le sport devient alors autre chose qu'une quête de performance frénétique. Demain J'arrête de m'évaluer et je me remets à contempler.

Liddell des jeunes

En 2024, Paris accueillera les Jeux olympiques. L'occasion de se rappeler l'exploit de l'athlète Eric Liddell, « l'Écossais volant » qui, cent ans plus tôt, a triomphé sur la piste du 400 mètres, après avoir renoncé à la course du 100 mètres, sa spécialité, au nom de sa foi.

PAR AMAURY GUILLEM

Cher Eric,

Comme chaque trimestre, c'est au dernier moment, à quelques jours du bouclage, que je prends enfin le temps d'écrire cette *Lettre de mon HLM*. Mais en priant ce matin, j'ai pensé que j'avais bien fait d'attendre : aujourd'hui, dans l'Évangile, Jésus chasse les marchands du Temple, renverse les comptoirs des changeurs et les traite de bandits. Et oui, Jésus n'est pas un gentil nounours, il est la Vérité. Il dit la Vérité, même si elle ne fait pas plaisir. Et au nom de cette Vérité, il se met en (saine) colère et il a raison. J'imagine, Eric, que cet Évangile vous était cher : vous non plus n'avez pas hésité à dire ce que vous pensiez, n'en déplaise aux « marchands du stade » et à vos compatriotes. En 1924, sélectionné pour représenter l'Écosse aux Jeux olympiques de Paris, vous refusez de courir le 100 mètres, que vous étiez assuré de gagner, parce que la finale est programmée un dimanche. C'est le jour du Seigneur et on ne transige pas avec le repos dominical. La presse britannique se moque, les supporters écossais vous conspuent, mais rien n'y fait : le 6 juillet 1924, pendant que les genoux des athlètes se délient sur la piste cendrée du stade de Colombes devant 60 000 spectateurs pour la finale du 100 mètres, les vôtres sont pliés, en prière à l'église écossaise de Paris. Au nom du sacré, vous renoncez au sacre : *« Je ressens une grande force dans cette difficulté. Je suis sûr de l'amour de Dieu et de son appui. Je crois en Lui et j'accepte ce qui m'arrive. »*

Mais l'histoire ne s'arrête pas là : apprenant que d'autres courses n'ont pas lieu un dimanche, vous vous inscrivez au 200 et 400 m. Pas votre fort. 49 secondes au chronomètre pour le 400 m : plutôt mal parti. La presse parle de « suicide » à votre sujet. Vous êtes un sprinter, pas un coureur de demi-fond. Vous vous entraînez, vous redoublez d'effort et vous passez les tours jusqu'à la finale. Le grand jour arrive. Le sort joue contre vous, puisqu'on vous attribue la ligne extérieure. Mais la Providence veille : avant le départ, un masseur américain vous glisse un petit papier dans la main. Quelques mots y sont griffonnés, tirés du premier livre de Samuel : *« Oui, j'honore seulement ceux qui m'honorent »*.

Vous voilà sur la ligne de départ, dossard n°451, un genou à terre, comme pour une ultime prière avant de vous élancer. Bang. Premier virage bien négocié. Tout s'accélère. Ces genoux pliés hier, les voilà désormais poussés vers le haut jusqu'au menton, les bras labourent l'air, les jambes pédalent à une vitesse vertigineuse. Vous êtes d'abord dépassé, mais la tête en arrière, les yeux au ciel, la bouche ouverte, le buste en avant, vos jambes accélèrent encore. Personne ne comprend d'où vous vient cette force. Finalement, dans un sprint exténuant, vous dépassez tous les concurrents et avec 47"6', vous coupez la ligne d'arrivée en premier avant de vous effondrer, à bout de souffle. Ce jour-là, vous décrochez la médaille d'or et un record du monde qui restera inégalé jusqu'à 1936. Plus tard, on vous demandera le secret de cet exploit : *« Le Seigneur m'a guidé ! J'ai couru les premiers 200 m aussi vite que j'ai pu et pour les 200 m suivants, avec l'aide de Dieu, j'ai couru encore plus vite. Dieu m'a fait pour aller vite. Quand je cours, je ressens son plaisir !»*

Dieu et le sport : avant la femme que vous épouserez en 1934, ils sont les deux amours de votre vie. Dieu, ce sont vos parents, Ecossais missionnaires en Chine, qui vous l'ont fait connaître. Le sport, c'est au Royaume-Uni où votre famille se réinstalle quand vous êtes enfant, que vous y prenez goût : au collège, vous êtes désigné comme meilleur athlète et capitaine de l'équipe de cricket et de rugby à XV. À l'université, vous intégrez même l'équipe nationale d'Écosse et jouez sept des huit matches du tournoi cinq Nations en 1922 et 1923 au poste de trois quart aile. Mais c'est

l'athlétisme qui vous entraîne jusqu'aux sélections internationales et les Jeux olympiques de 1924.

Vous êtes d'abord dépassé, mais la tête en arrière, les yeux au ciel, la bouche ouverte, le buste en avant, vos jambes accélèrent encore. Personne ne comprend d'où vous vient cette force.

Après l'exploit, quittant la gloire des hommes, c'est à Dieu que vous décidez de consacrer votre vie : en 1925, vous vous embarquez comme missionnaire et retrouvez votre père en Chine. Ordonné pasteur à Tianjin, vous sillonnez les routes des villages isolés pour enseigner et annoncer l'Évangile.

Mais en 1937, la guerre Chine-Japon éclate : inquiet, vous envoyez femme et enfants – vous ne connaîtrez jamais votre dernière fille – à l'abri au Canada, mais vous restez sur place, pour poursuivre votre mission d'évangélisation malgré les interdictions qu'on vous impose. Finalement, en 1943, les Japonais vous arrêtent et vous internent. Dans le camp, vous soutenez le moral des prisonniers, vous priez, vous dénichez des médicaments, mais la fatigue et la maladie ont raison de vous. À 43 ans seulement, votre âme s'envole. Sur votre tombe, on inscrira : *«Ils prennent le vol comme les aigles ; ils courront et ne se fatigueront pas»* (Isaïe, 40, 31).

Cher Eric, pour qu'à votre école, nous sachions donner la priorité à la seule course qui vaille, celle qui nous mène au Ciel, jusqu'au don de notre vie, priez pour nous !

DR

Petite bio

1902 : naissance 16 janvier 1902 à Tianjin (Chine)

1920 : entrée à l'université d'Edimbourg, après une scolarité passée à Eltham College

1922 – 1923 : participation au tournoi des Six Nations avec l'équipe d'Ecosse

1924 : médaille d'or pour le 400 m et médaille de bronze pour le 200 m aux JO de Paris

1925 : diplôme de sciences en poche, départ pour la Chine comme missionnaire protestant

1934 : mariage avec Florence Mackenzie. Ils auront trois filles : Patricia, Heather et Maureen

1941 : départ de Florence et des filles pour le Canada. Eric est affecté à Shaochang

1943 : emprisonnement et mort d'Eric Liddell au camp de Weixian (Shandong) en 1943

1981 : Le film *Les Chariots de feu* (4 Oscars) met en scène les exploits historiques d'Eric Liddell notamment, sur une musique célèbre de Vangelis

2018 : Le film *Les ailes de la Victoire* raconte l'aventure missionnaire d'Eric Liddell et sa résistance évangélique pendant la guerre Chine-Japon.

Ils ont fait ce numéro

La rédaction

Paul Piccarreta
Directeur de *Limite* et des éditions de L'Escargot, bolcho-catho et supporter de l'OM, il est le pilier de la revue et de tout ce qui gravite autour.

Gaultier Bès
Cofondateur de *Limite*, professeur et auteur de *Radicalisons-nous ! La politique par la racine* (L'Escargot). Il vit à l'éco-hameau de La Bénisson-Dieu avec Marianne Durano.

Marianne Durano
Philosophe, elle a écrit *Mon corps ne vous appartient pas* (Albin Michel) et ravit les lecteurs par ses chroniques féministes.

Nicolas Pinet
Directeur artistique, dessinateur de presse et auteur de bandes dessinées, parmi lesquelles *Francis Saucisson*.
@nicolas_pinet

Théo Moy
Jeune journaliste et futur propriétaire d'un vélo-cargo huit places, il est notamment chargé du site de *Limite*.

Brieuc Havy
Journaliste. Il a trouvé chez *Limite* une ligne de crête qui convient parfaitement à ses qualités de grimpeur.

Antonin Gouze
Journaliste, il pense qu'il n'y a pas de paix sans justice sociale, et écrit pour faire en sorte qu'un jour elle advienne.

Marguerite Archambault
Marguerite est consultante dans le secteur de la culture et des loisirs après des études de lettres et de commerce. Elle écrit dans *Limite*, n'étant plus à une contradiction près.

Grégoire Hinterlang
Consultant dans l'eau, j'aimerais me reconvertir dans le vin. Après une formation en permaculture, j'ai poussé la porte de *Limite*.

Camille Rougier
« Étudiante en histoire, avec un goût prononcé pour la philo, elle adore explorer de nouvelles idées et des perspectives alternatives: catholicisme, anarchisme, écologisme...

Marie de Geloes
Marie a 25 ans, et écrit régulièrement dans *Limite* pour éviter d'avancer sa thèse en histoire de l'art.

Amélie Pillet
Géographe et consultante sur les questions de transition écologique et de biodiversité, elle sillonne la France pour accompagner les élus à devenir un peu plus *Limite*.

Eugénie Le Quéré
Mère de famille, logistique, restauration, transport, hygiène industrielle. Déléguée à l'écologie à Compiègne. Ingénieure de formation. Grosse tronche.

Les chroniqueurs

Kevin Boucaud-Victoire
Chef du service débats et idées de *Marianne* et compagnon de route de *Limite*, il est l'auteur de *George Orwell, écrivain des gens ordinaires* (L'Escargot).

Blandine et Arthur de Lassus
Ingénieur et cadre parisiens convertis à l'écologie intégrale, ils sont installés comme néo-paysans en Seine-et-Marne. Ils ont publié *Et lentement, tout bascule* (L'Escargot).

Lizenn Valo
Professeure d'anglais sous pseudo, elle est chargée de la chronique « Travaux manuels ». L'écologie, c'est pas que dans les bouquins !

Robin Verner
Journaliste pour le site de BFM TV, il a écrit le roman *Au nom de quoi ?* qui retrace les derniers mois de Robespierre. Il est en charge de la rubrique sportive de *Limite*.

Blanche Streb
Docteur en pharmacie, elle est directrice de la formation et de la recherche pour Alliance VITA. Elle a écrit *Bébés sur mesure, le monde des meilleurs* (Artège).

Philippe Franceschetti
Professeur agrégé d'histoire-géographie et membre d'*Educatio*, la revue scientifique de l'éducation chrétienne. Il a écrit *Antoine Mauduit, une vie en résistance* (PUG).

Amaury Guillem

Rédacteur en chef de RCF Marseille-Aix, les lecteurs raffolent des « Lettres de mon HLM » de ce catholique social pur jus.

Les compagnons de l'Arche de Gwenves

Ces disciples de Lanza del Vasto vivent l'écologie intégrale en communauté dans leur ferme en Bretagne et racontent cette expérience aux lecteurs de *Limite*.

À la pige

Vincent Bresson

Journaliste, il regarde la société par ses marges et traîne sa plume auprès de différents canards, avec un verre de Gaillac pour encrier.

Gaspard Chameroy

Freelance en gestion et animation de projets, Gaspard est très curieux des nouveaux modes d'organisation, de justice sociale et climatique.

Youness Bousenna

Écologie, économie, livres, religions... Journaliste polyvalent, de la fin du mois à la fin du monde. On me retrouve aussi chez *Socialter*, *Le Monde* et *Marianne*.

Clément Benech

Écrivain prolifique, il a publié *L'Été Slovène*, son premier roman, à 22 ans. Il chronique à *Libé* et à *La Cause littéraire*. Il est beau et à un compte twitter particulièrement drôle.

Les illustrateurs

Marie-Anne Bezon

Auteur-illustratrice pour la presse et l'édition jeunesse. Diplômée d'Olivier de Serres et d'un master en arts appliqués, son univers est simple, coloré, et généreux; il est empreint de son imagination fantasque et enfantine.

@marieannebezon

Alexandre Forget

Après avoir fait des études de graphisme à Nantes, il a travaillé à Paris en tant que graphiste pour une entreprise de prêt-à-porter haut de gamme, Maison Kitsuné. Il vit désormais quelque part dans l'ouest de la France et travaille entre missions de graphisme, illustrations et projets personnels.

@fumiole

Charlotte Guitard

Je suis illustratrice et peintre. J'ai étudié l'illustration et la bande dessinée à Paris, à l'école Estienne et Auguste Renoir, et les Arts Plastiques à la Sorbonne.

Camille Patureau

Graphiste, illustratrice et missionnaire pour l'organisation Opération Mobilisation, Camille a 27 ans et est mariée au sosie de Maoui.

@Momoille

Victor Carpentier

Tombé dans l'hyperactivité étant petit, je me soigne en apprenant tout ce qui peut l'être. Graphiste, vidéaste, illustrateur, webdesigner... à votre service.

victorcarpentier.fr

Bendo

Enfant de chœur devenu dessinateur, il dessine tout ce qui est improbable , comme un calviniste qui se convertit ou Olivier Giroud qui marque un but. Il a voyagé chez les coupeurs de têtes de l'île de Sumba en Indonésie, ils ont beaucoup apprécié ses carnets.

@bendoartiste

Emma Bertin

Artiste basée à Marseille, elle a travaillé pour différentes structures (Centre Pompidou, Festival Baroque de Pontoise,...) En 2020, elle co-réalise son premier livre-cd jeunesse aux Éditions du Conservatoire.

@emmajbertin

Vous êtes pleins d'alternatives !

Hervé Gardette, le bon grain et les livres

Il y a deux ans, Hervé Gardette était la voix de l'émission de débats « Du grain à moudre » sur France Culture. Et puis sa direction lui a proposé une chronique écologique « *avec un regard non militant* ». C'est vrai qu'en apparence, Gardette n'a pas la tête d'un zadiste. Et pourtant, son application à lire des essais et des longs documents fournis l'ont mené à des positions plus ou moins tranchées. « *J'ai toujours eu un gout pour la radicalité. C'est comme le café, je ne l'aime pas tiède* ». Le journaliste s'évertue désormais à semer des questions écolo dans les oreilles des auditeurs de la Matinale. « *En quatre minutes* ». Pas une de plus. Comment fait-il pour ne pas traiter superficiellement les sujets ? On a la réponse en lisant *Ma transition écologique. Comment je me suis radicalisé* (France Culture-Novice) recueil de chroniques choisies par son jeune éditeur, Timothé Guillotin, qui vient de lancer les éditions Novice. Le journaliste d'une cinquantaine d'années, lecteur attentif de *Limite*, a vu l'écologie venir au centre des débats. « Dans le Grain à moudre, *l'écologie est passée de marginale à essentielle* ». Converti, le clermontois ? « *Le fait d'en parler tous les jours, ça m'a révélé la pluralité des sujets. Il y a énormément de choses, des assos, des revues etc. Il y a une telle richesse intellectuelle autour de ce sujet. Et puis j'aime bien les gens qui ont des actes cohérents avec leur discours* ». Il s'est mis au vrac, essaye le zéro déchet, achète d'occasion. « *Ces petites choses qui finissent par s'inscrire durablement dans votre quotidien* ».

Gardette est un sceptique. Pas du changement climatique ou de l'extinction de la biodiversité. Son incrédulité vient de ce que l'écologie est devenue *mainstream*. Même Jacques Séguéla s'y est mis. Le journaliste se le paye à l'antenne et c'est à mourir de rire. « Il n'y a pas mieux qu'un publicitaire pour recycler les idées à la mode » fuse Gardette. Il faut imaginer le célèbre publicitaire de 87 ans publier une série d'aphorismes plus creux les uns que les autres : « *"charité écologique bien ordonnée commence par soi-même", "la mer est une terre d'espoir", "eau secours", "S.Eau.S", "il n'est jamais trop tôt pour savoir qu'il n'est pas trop tard"!* »... « *C'est quand même autre chose que du Bruno Latour* », ironise à l'antenne le clermontois.

Des philosophes, des historiens, des économistes, il en lit plutôt beaucoup. « *François Gemenne, Cécile Renouard, Dominique Bourg, Corinne Pelluchon, c'est du solide* ». Mais les milieux militants sont aussi de vraies sources d'inspiration. « *Il m'arrive parfois de faire des chroniques un peu taquines, dont une sur l'avion, qui m'a valu quelques remarques* des militants », sourit-il mais c'est moins par conviction que pour se faire un peu violence et ne pas tomber dans la facilité. Au fond, sa philosophie est ainsi : « Même s'il n'y avait pas d'urgence écologique, si l'épuisement des ressources n'étaient pas une question, j'aurais une distance critique avec la société d'hyper consommation ».

Un défi qu'il voudrait relever ? Faire une semaine sans internet. « *On avait essayé à la rédaction, mais les gens ne comprenaient pas l'intérêt* ». L'enjeu est de taille, pourtant. Ne pas avoir le nez dans le guidon de l'actu et traiter autre chose que l'écume du monde. Du grain à moudre, en somme, et même du bon grain à semer. PAUL PICCARRETA

DR